multi 2
Mathematik

Herausgeber:

Günter Hagmaier · Doris Simon

Autoren:

**Heike Edele · Susan Haar · Günter Hagmaier
Claudia Kronschnabel · Doris Simon
Ingolf Steinger · Christiane Vogel
Maja Viesel**

Illustration und Grafik:

**Ulla Bartl · Ulrike Müller-Zimmerman
Mike Owen**

Redaktion:

Dr. Mirjam Heintzeler

Konkordia VERLAG

multi 2
Mathematik

Diese Aufgaben sind Helferaufgaben.
Sie helfen dir beim Finden der Lösung.

Bei diesen Aufgaben kannst du etwas entdecken.

Hier kannst du Fehler suchen, verbessern und erklären.

Diese Aufgaben haben mehrere Lösungen.
Finde deinen eigenen Lösungsweg!

Hier kannst du knobeln. Die Aufgaben sind besonders knifflig.

Mit diesen Aufgaben kannst du wiederholen und üben.

Bearbeite diese Aufgabe mit deinem Partner.

Zum Unterrichtswerk Multi 2 gehören:
Lehrbuch
Übungsheft (Bestellnummer 01703)
Handbuch für den Unterricht (Bestellnummer 01704)
Legeplättchen und Einerpunkte (Kartonbeilage, Bestellnummer 4403)
Farbige Stäbe (Kartonbeilage, Bestellnummer 4405)
Hunderterhaus und Busmodelle, Zehnerstreifen, Fünfziger-,
Zwanziger-, Zehnerstreifen (Kartonbeilage, Bestellnummer 4413)
Rechengeld Euro und Cent (Bestellnummer 5400)
100 Kunststoff-Steckwürfel (Bestellnummer 4408)
Steckplatte für 100 Steckwürfel (Bestellnummer 4409)

Bildquellenverzeichnis:
S. 19, 32, 33, 34, 43, 73, 112: Deutsche Bundesbank, Frankfurt am Main
S. 71: MEV Verlag, Augsburg
S. 78: Monika Herr, Dielheim
S. 88: MEV Verlag, Augsburg
S. 95: Kasper & Richter GmbH & Co, Uttenreuth
S. 98: Interfoto München, MEV Verlag, Augsburg; Junghans Uhren GmbH, Schramberg
S. 117, 125: VG Bild-Kunst, Bonn

Bestellnummer 01702

KONKORDIA ist ein Verlagsbereich der
Bildungsverlag EINS GmbH, Sieglarer Str. 2, 53842 Troisdorf

ISBN 3-427-01702-8

© 2005 Bildungsverlag EINS GmbH, 53842 Troisdorf
Das Werk und seine Teile sind urheberrechtlich geschützt. Jede Nutzung in anderen als den gesetzlich
zugelassenen Fällen bedarf der vorherigen schriftlichen Einwilligung des Verlages.
Hinweis zu § 52 a UrhG: Weder das Werk noch seine Teile dürfen ohne eine solche Einwilligung eingescannt und
in ein Netzwerk eingestellt werden. Dies gilt auch für Intranets von Schulen und sonstigen Bildungseinrichtungen.

Modellieren und Mathematisieren

Ferien auf dem Bauernhof

Lu war in den Ferien auf dem Moserhof und lernte viel Neues kennen.
Stelle Fragen und rechne.

① Bauer Moser hat 7 Wollschafe.
Jedes hat ein Lamm.

② Auf dem Hof leben 3 Muttersauen.
Jede hat 6 Ferkel.

③ Conni sammelt die Eier ein.
Im Stall findet sie 3 Nester, im ersten liegen
6 Eier, im zweiten 5 und im dritten 4.
Auf der Wiese findet sie noch 2 Eier.

④ Bäuerin Moser zeigt, wie früher die Kühe
mit der Hand gemolken wurden.
Von der Kuh Liese stellt die Bäuerin
für die Kinder so viel Milch bereit:

In jede Kanne passen 5 Milch.
8 Kinder wollen Milch trinken.

⑤ Schmied Hämmerle beschlägt heute
Mosers Pferde. Jedes Pferd benötigt
neue Hufeisen.

Findest du noch weitere
Rechengeschichten?

Warst du auch schon
auf einem Bauernhof?
Was hast du erlebt?

8	+		=	13
	+	9	=	11
7	−		=	3
	−	3	=	8

11   2

5

4

Sachaufgaben – Rechengeschichten formulieren

1 Die Ferien sind zu Ende. Lu ist wieder zu Hause. Er hat viel erlebt. Erzähle.

2 Im Urlaub hat Lu Ferienaufgaben entdeckt:

7 − 4 =

8 + 6 =

Ich hatte 15 Euro Taschengeld. Davon habe ich 7 Euro ausgegeben.
☐ − ☐ = ☐

Was hast du erlebt? Male, schreibe und rechne deine eigenen Ferienaufgaben.

3 Findest du zu diesen Aufgaben Rechengeschichten im Bild? Erzähle und rechne.

12 + 2 =
1 + 4 =
5 + 4 + 3 + 2 + 1 =
13 − 8 =
6 − 2 =
3 + ☐ = 8
7 − 2 = 
7 − ☐ = 4

Im Urlaub habe ich mir für euch Aufgaben ausgedacht!

4
a) 3 + 3 =
4 + 3 =
3 + 4 =

b) 5 + 5 =
5 + 4 =
4 + 5 =

c) 7 + 2 =
2 + 7 =
2 + 6 =

d) 5 + 3 =
3 + 5 =
3 + 6 =

5
a) 6 − 1 =
6 − 2 =
6 − 3 =

b) 9 − 9 =
9 − 8 =
9 − 7 =

c) 8 − 1 =
8 − 7 =
8 − 6 =

d) 7 − 0 =
7 − 2 =
7 − 4 =

Übungs- und Analogieaufgaben, Rechenspiel

1 Lu und Luisa zeigen dir, wie du mit deinem Partner ein Rechenspiel basteln kannst. Erzähle.

Welche Kärtchen passen zu Lu, welche zu Luisa?

2
a) 2 + 2 =
3 + 3 =
4 + 4 =
5 + 5 =

b) 2 + 3 =
3 + 4 =
4 + 5 =
5 + 6 =

c) 4 − 2 =
6 − 3 =
8 − 4 =
10 − 5 =

d) 5 − 3 =
7 − 4 =
9 − 7 =
8 − 5 =

Was fällt dir auf?

3
a) 3 + 4 =
13 + 4 =
6 + 3 =
16 + 3 =

b) 5 − 2 =
15 − 2 =
8 − 2 =
18 − 2 =

c) 10 + 2 =
10 + 5 =
10 + 0 =
10 + 10 =

d) 17 − 7 =
14 − 4 =
20 − 10 =
18 − 8 =

4 Suche die Helferaufgabe.

a) 6 + 3 =
16 + 3 =
☐ + ☐ =
14 + 5 =

b) ☐ − ☐ =
18 − 6 =
☐ − ☐ =
19 − 7 =

c) ☐ + ☐ =
17 + 2 =
☐ + ☐ =
13 + 0 =

d) ☐ − ☐ =
20 − 7 =
☐ − ☐ =
15 − 4 =

e) ☐ + ☐ =
12 + 7 =
☐ + ☐ =
13 + 6 =

f) ☐ − ☐ =
19 − 8 =
☐ − ☐ =
20 − 6 =

5
a) 3 + ☐ = 6
4 + ☐ = 6
8 + ☐ = 9
7 + ☐ = 10

b) 9 − ☐ = 6
8 − ☐ = 1
7 − ☐ = 4
8 − ☐ = 5

c) 10 + ☐ = 13
10 + ☐ = 17
10 + ☐ = 19
10 + ☐ = 16

d) 16 − ☐ = 10
17 − ☐ = 10
18 − ☐ = 10
20 − ☐ = 10

e) 10 − 2 =
10 − 8 =
10 − 4 =
10 − 6 =

f) 10 − ☐ = 9
10 − ☐ = 3
10 − ☐ = 7
10 − ☐ = 6

6 Setze das passende Zeichen ein: > < =

a) 6 + 2 ◯ 8
3 + 4 ◯ 9
2 + 8 ◯ 10

b) 10 + 0 ◯ 0
7 + 0 ◯ 0
0 + 6 ◯ 0

c) 9 − 4 ◯ 4
8 − 5 ◯ 4
7 − 2 ◯ 4

d) 7 − 2 ◯ 6
9 − 6 ◯ 5
6 − 1 ◯ 5

5

Wiederholung und Sachaufgaben: Im Sportunterricht

1 Erzähle und rechne.

○	⌒	🏸	zusammen

2 Erzähle, zeichne und rechne.

a)

○	⌒	🏸	zusammen
4	2		10

☐ + ☐ + ☐ = ☐

b)

○	⌒	🏸	zusammen
4		6	14

☐ + ☐ + ☐ = ☐

3
a) 2 + 3 = ☐
   12 + 3 = ☐
    3 + 4 = ☐
   13 + 4 = ☐

b) 2 + ☐ = 6
   12 + ☐ = 16
    4 + ☐ = 7
   14 + ☐ = 17

c) 4 − 2 = ☐
   14 − 2 = ☐
    7 − 3 = ☐
   17 − 3 = ☐

d) 5 − ☐ = 3
   15 − ☐ = 13
    8 − ☐ = 7
   18 − ☐ = 17

4 Erzähle und rechne.

a)

○	⌒	zusammen
9	4	

☐ + ☐ = ☐

b)

○	⌒	🏸	zusammen
5	4	4	

☐ + ☐ + ☐ = ☐

c)

○	⌒	zusammen
		12

☐ + ☐ = ☐

d)

○	⌒	🏸	zusammen
8		6	16

☐ + ☐ + ☐ = ☐

5
a) 6 Kinder üben mit dem Seil und 5 Kinder mit dem Ball. Wie viele Kinder sind es?

Zeichne die Aufgabe in dein Heft. Schreibe das Ergebnis auf:
Es sind ☐ Kinder.

○	⌒	zusammen

b) 14 Kinder üben. 9 davon üben mit dem Ball, die restlichen üben mit dem Seil. Wie viele Kinder sind dies?

Zeichne und schreibe auf: ☐ Kinder üben mit dem Seil.

○	⌒	zusammen

6
a) 7 + 2 = ☐
   2 + 7 = ☐
  17 + 2 = ☐
   2 + 17 = ☐

   6 + 3 = ☐
   3 + 6 = ☐
  13 + 6 = ☐
   6 + 13 = ☐

b) 4 + ☐ = 8
  14 + ☐ = 18
   5 + ☐ = 10
  15 + ☐ = 20

   2 − ☐ = 0
  12 − ☐ = 10
   8 − ☐ = 8
  18 − ☐ = 18

7 In einer Halle spielen 10 Kinder Federball. Halb so viele Kinder spielen mit dem Ball. Wie viele Kinder sind es zusammen? Zeichne die Aufgabe in dein Heft.

8
a) ☐ = 8 − 4
   ☐ = 18 − 4
   ☐ = 6 − 3
   ☐ = 16 − 3

b) ☐ = ☐ + 5
   ☐ = 5 + ☐
   ☐ = ☐ − 3
   ☐ = 16 − ☐

Wiederholung und Sachaufgaben: Auf dem Pausenhof

1 Erzähle.

2 So haben die Kinder gespielt. Erzähle und rechne.

	🔴	🔵	zusammen
Stefanie	6	3	
Tobias	6	4	
Michael	5	4	
Jan	5		8
Marco	2		10

3
a) 3 + ☐ = 5
8 + ☐ = 9
4 + ☐ = 9
6 + ☐ = 9

b) 1 + ☐ = 6
11 + ☐ = 16
5 + ☐ = 8
15 + ☐ = 18

c) 7 − ☐ = 5
8 − ☐ = 5
9 − ☐ = 6
10 − ☐ = 6

d) 4 − ☐ = 1
14 − ☐ = 11
8 − ☐ = 3
18 − ☐ = 13

4 Erzähle Rechengeschichten.

"Zusammen 10 Punkte." — Sven
"Mit 2 Ringen 12 Punkte." — Marissa
"Mit dem roten Ring doppelt so viel." — Philipp

Julia

5 Zeichne und rechne.

3 + 7 =

"Mit dem 🔴 3 Punkte und mit dem 🔵 4 Punkte mehr."

"Mit dem 🔵 5 Punkte, zusammen sind es 11."

"Mit dem 🔵 8 Punkte und dem 🔴 halb so viel."

Erfinde weitere Aufgaben und stelle sie deinem Partner vor.

Addieren und Ergänzen mit Zehnerübergang

1 Im Bus sitzen 8 Kinder, 7 steigen zu. Wie viele Kinder sitzen nun im Bus?

Suche einen Rechenweg. Lege mit deinem 20er-Bus.

2 Erzähle Busgeschichten.

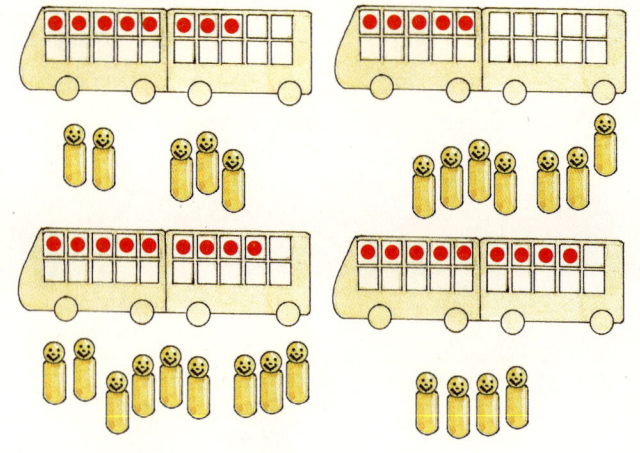

Suche einen Rechenweg. Lege mit deinem 20er-Bus.

3 So haben Kinder die Aufgabe 7+5 gerechnet. Erkläre ihre Rechenwege.

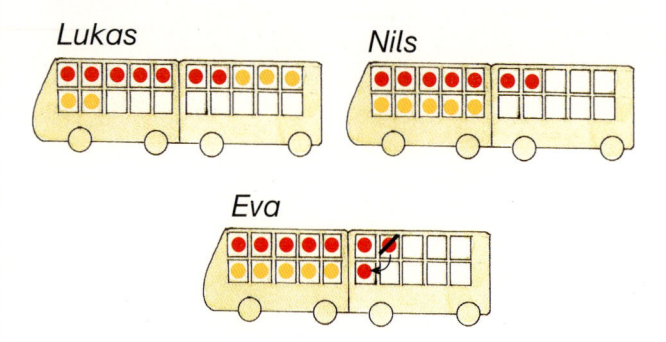

Lukas Nils

Eva

So hat Lukas seinen Weg gezeichnet und aufgeschrieben. Erkläre.

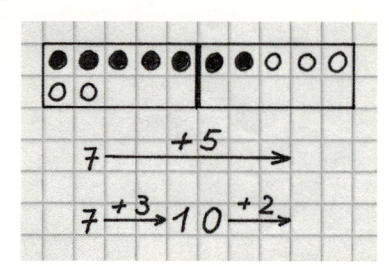

$7 \xrightarrow{+5}$

$7 \xrightarrow{+3} 10 \xrightarrow{+2}$

4 Lege, zeichne und schreibe auf.

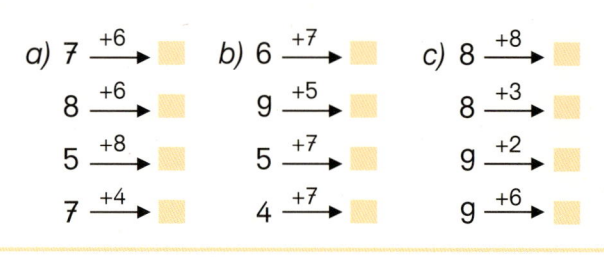

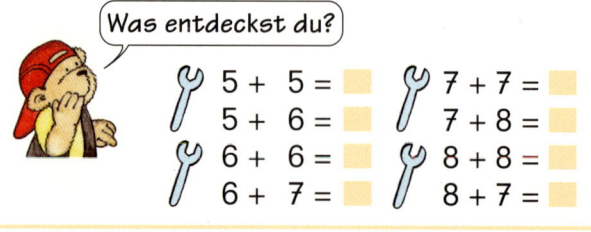

a) $7 \xrightarrow{+6} \square$ b) $6 \xrightarrow{+7} \square$ c) $8 \xrightarrow{+8} \square$
   $8 \xrightarrow{+6} \square$ $9 \xrightarrow{+5} \square$ $8 \xrightarrow{+3} \square$
   $5 \xrightarrow{+8} \square$ $5 \xrightarrow{+7} \square$ $9 \xrightarrow{+2} \square$
   $7 \xrightarrow{+4} \square$ $4 \xrightarrow{+7} \square$ $9 \xrightarrow{+6} \square$

d) $8 \xrightarrow{+} 14$

$8 \xrightarrow{+2} 10 \xrightarrow{+4} 14$

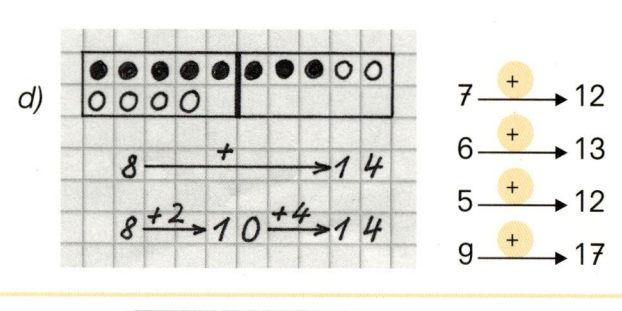

$7 \xrightarrow{+} 12$
$6 \xrightarrow{+} 13$
$5 \xrightarrow{+} 12$
$9 \xrightarrow{+} 17$

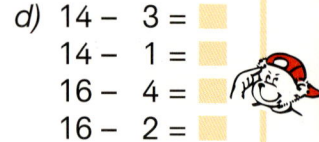

5 Du weißt sicher, wie es weiter geht.

a) 9 + 1 = ☐   b) 8 + 2 = ☐   c) 7 + 3 = ☐
   9 + 2 = ☐   8 + 3 = ☐   7 + 4 = ☐
   9 + 3 = ☐   8 + 4 = ☐   7 + 5 = ☐
   ☐ + ☐ = ☐   ☐ + ☐ = ☐   ☐ + ☐ = ☐

6 Was entdeckst du?

5 + 5 = ☐   7 + 7 = ☐
5 + 6 = ☐   7 + 8 = ☐
6 + 6 = ☐   8 + 8 = ☐
6 + 7 = ☐   8 + 7 = ☐

7 a) 15 + ☐ = 20   b) 15 + 1 = ☐   c) 19 − ☐ = 17   d) 14 − 3 = ☐
      15 + ☐ = 19   11 + 5 = ☐   19 − ☐ = 16   14 − 1 = ☐
      16 + ☐ = 19   16 + 3 = ☐   20 − ☐ = 15   16 − 4 = ☐
      16 + ☐ = 20   13 + 6 = ☐   20 − ☐ = 16   16 − 2 = ☐

8 a) ☐ + 4 = 8   b) ☐ + 5 = 9   c) ☐ = 15 − 5   d) ☐ = 14 − 3
      8 − 4 = ☐   9 − 5 = ☐   ☐ = 16 − 5   ☐ = 15 − 3
      8 − 5 = ☐   9 − 6 = ☐   ☐ = 17 − 7   ☐ = 15 − 4

8

Subtrahieren und Ergänzen mit Zehnerübergang

1 Im Bus sitzen 15 Kinder. An der Haltestelle steigen 7 aus. Wie viele Kinder sitzen danach noch im Bus?

2 Erzähle Busgeschichten. Lege und rechne.

3 Lege mit deinem 20er-Bus. Zeichne und rechne im Heft.

a) $14 \xrightarrow{-6}$

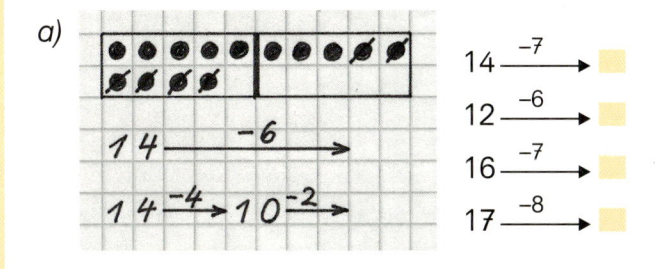

$14 \xrightarrow{-4} 10 \xrightarrow{-2}$

$14 \xrightarrow{-7}$
$12 \xrightarrow{-6}$
$16 \xrightarrow{-7}$
$17 \xrightarrow{-8}$

b) $15 \xrightarrow{} 8$

$15 \xrightarrow{-5} 10 \xrightarrow{-2} 8$

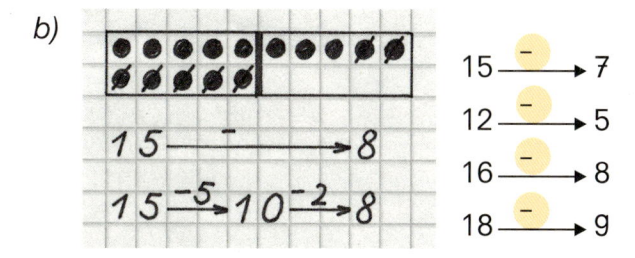

$15 \xrightarrow{} 7$
$12 \xrightarrow{} 5$
$16 \xrightarrow{} 8$
$18 \xrightarrow{} 9$

4 Hier fällt es dir sicher leicht, über den Zehner zu gehen.

a) 12 − 2 = ▢
12 − 3 = ▢
12 − 4 = ▢
▢ − ▢ = ▢

b) 13 − 3 = ▢
13 − 4 = ▢
13 − 5 = ▢
▢ − ▢ = ▢

c) 14 − 4 = ▢
14 − 5 = ▢
14 − 6 = ▢
▢ − ▢ = ▢

d) 14 − ▢ = 10
14 − ▢ = 9
14 − ▢ = 8
▢ − ▢ = ▢

e) 12 − ▢ = 10
12 − ▢ = 9
12 − ▢ = 8
▢ − ▢ = ▢

f) 15 − ▢ = 10
15 − ▢ = 9
15 − ▢ = 8
▢ − ▢ = ▢

Besprich mit deinem Nachbarn, wie die Aufgaben weitergehen.

5 Die Kinder schreiben Rechengeschichten auf. Jedes Kind hat seine Rechengeschichte auch gezeichnet.
Welche Rechengeschichte gehört zu welcher Zeichnung?

Im Bus sitzen 9 Kinder, 5 steigen zu. Wie viele Kinder sitzen nun im Bus?

Im Bus sitzen 14 Kinder, 5 steigen aus. Wie viele Kinder sitzen danach im Bus?

Im Bus sitzen 8 Kinder, einige steigen zu. Jetzt sitzen 12 Kinder im Bus. Wie viele Kinder sind zugestiegen?

Im Bus sitzen 16 Kinder, einige steigen aus. Jetzt sitzen noch 10 Kinder im Bus. Wie viele Kinder sind ausgestiegen?

Nils *Annika*

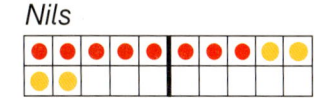

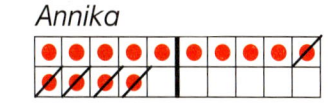

Sophia 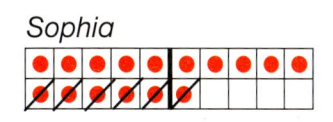 *Paul*

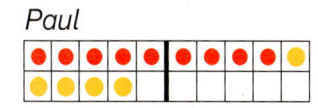

Erfinde auch Busgeschichten. Lege sie mit dem Bus. Erzähle sie deinem Nachbarn.

6
a) ▢ + 4 = 18
18 − 4 = ▢
▢ + 5 = 19
19 − 5 = ▢

b) 8 + ▢ = 9
8 + ▢ = 10
8 + ▢ = 11
8 + ▢ = 12

c) Verbessere.
15 − 4 = 12
19 − 5 = 15
17 = 20 − 4

d) ▢ = 20 − ▢
▢ = 7 + ▢
▢ = ▢ − 5
▢ = ▢ + 4

Erweiterung des Zahlenraumes bis 100, Zehner-Einer-Zahlen

1

2 Denkt euch Spielregeln aus und spielt.

🔵 Zurück auf das vorausgehende rote Feld.

3 Nenne das Feld ...

a) | vor 23 | vor 47 |
| --- | --- |
| vor 41 | vor 35 |
| vor 34 | vor 50 |

b) zwischen ...

40 und 42	26 und 28
33 und 35	39 und 41
25 und 27	32 und 34

c) | nach 19 | nach 36 |
| --- | --- |
| nach 40 | nach 24 |
| nach 39 | nach 41 |

4 Auf welche Felder kommen die Spielsteine?

Ute steht auf ㉓.
Sie würfelt ⚄.
Simon steht auf ㉟.
Er würfelt ⚂.
Andi steht auf ㉙.
Er würfelt ⚁.
Silke steht auf ㊶.
Sie würfelt ⚄.
Ines steht auf ㊼.
Sie würfelt ⚂.

5 Welche Farbe haben die Spielsteine der Kinder?

Peter: Mein Spielstein steht 3 Felder vor Feld 90.

Marion: Mein Spielstein ist zwischen 81 und 79.

Stefan: Mein Spielstein steht auf einem Feld mit zwei gleichen Ziffern. Die Zahl ist größer als 90.

6 Zähle bis zum nächsten Zehner.

a) 53, 54, ...   b) 71, 72, ...
   86, 87, ...   95, 96, ...

c) 56, 55, ...   d) 87, 86, ...
   64, 63, ...   95, 94, ...

Projekt: Indianer; Verschiebungen, Muster und Strukturen

1 Die Prärie-Indianer wohnten in Tipis.
Das sind Zelte, die aus 20 bis 30 Holzstangen und Bisonhaut bestanden.
Die Indianer bemalten die Zeltdecken mit schönen Mustern. Erzähle.

2 Viele Indianer trugen ein Stirnband, das sie auch mit bunten Mustern schmückten. Du kannst dir aus einem langen Papierstreifen und zwei Wollfäden selbst ein Stirnband basteln. Für das Muster kannst du Schablonen verwenden:

Welche Schablone wurde bei diesen Stirnbändern jeweils verwendet?

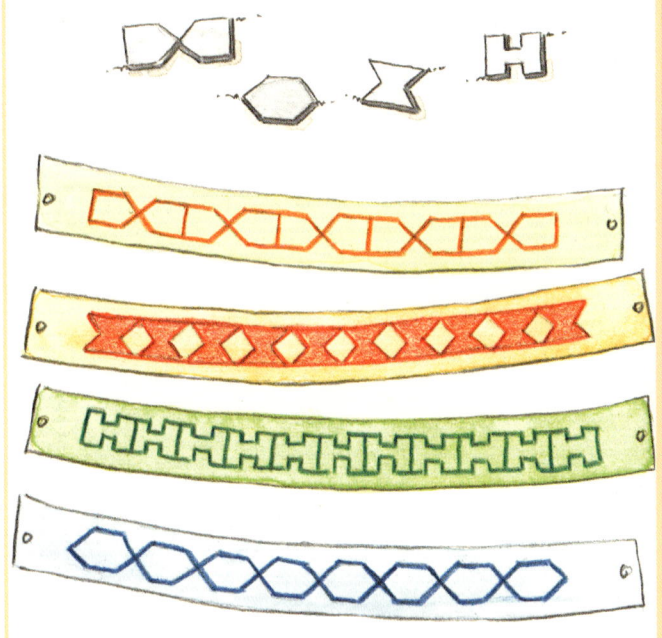

3 Alle Indianer tanzten sehr gerne.
Viele Stämme veranstalteten sogar Tanzfeste

Tanzen macht Spaß! Komm und mach auch mit!

1 2   3 4   1 2 3 4
2 mal   2 mal   4 mal
klatschen   klatschen   patschen

4 Viele Indianer kannten kein Geld. Deshalb tauschten sie ihre Waren. Diese Liste zeigt dir, wie getauscht wurde.

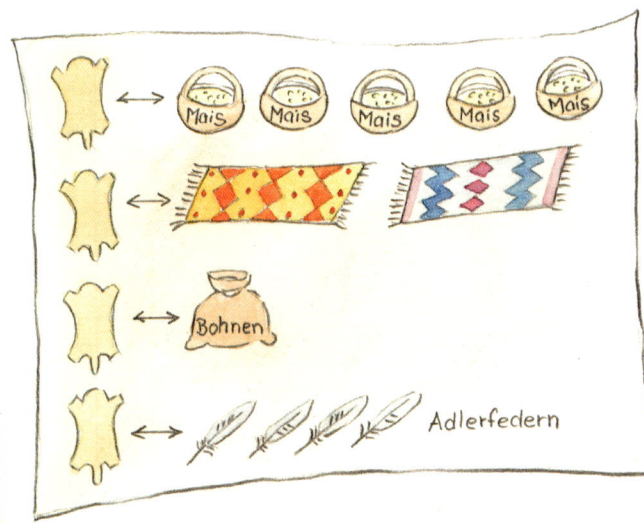

a) Indianer Lu will auf dem Markt Waren tauschen. Er hat 1 Bisonfell.
Was könnte er dafür eintauschen?

b) Prärie-Indianer wollen für ihren Wintervorrat 10 Körbe Mais und 1 Sack Bohnen erwerben. Wie könnten sie tauschen?

c) Indianer Schlauer Fuchs ist sehr zufrieden. Zuerst tauschte er 4 Säcke Bohnen gegen 9 Teppiche. Danach tauschte er die 9 Teppiche gegen 4 Bisonfelle.
Was meinst du dazu?

d) Was möchtest du mit deinem Partner tauschen? Bastelt euch aus Papier verschiedene Gegenstände und tauscht miteinander. Ihr könnt eure Aufgaben auch aufzeichnen oder aufschreiben.

Elementare Raumvorstellungen, Lagebeziehungen

1

2 Indianer Lu stellt dir ein Rätsel:

Komm zur alten Eiche
und laufe zum Fluss hinunter,
wo das Kanu liegt!
Gehe über die Brücke.
Am Tipi gehst du nach links!
In der Nähe habe ich mich versteckt.

Das ist Indianerin Luisas Rätsel:

Starte am Wasserfall!
Gehe immer geradeaus, bis du
vom Berggipfel aus die Fichte siehst.
Gehe dorthin und dann nach rechts.
Zähle bis 100!
Weißt du, wo ich mich versteckt halte?

Denke dir für deinen Partner Rätsel aus!

3 Indianer Lu hat mit seinen Indianerfreunden das Tipi aus Aufgabe 1 gezeichnet.

Indianer Lu   Fliegender Bär   Biberzahn   Adlerauge   Lachender Donner

Zeichen- und Symbolkonstellationen

1 Was könnten diese Zeichen bedeuten?

Indianerzeichnung:
I Lege dein multi-Buch an einen besonderen Platz (z. B. auf die Fensterbank).
II Schau dir dort ein Indianer-Zeichen genau an.
III Schleiche zurück an deinen Platz und zeichne es in dein Heft.

Du kannst so oft, wie du möchtest, wieder in deinem multi nachschauen.

Am Schluss vergleichst du mit der Vorlage.

2 Die Prärie-Indianer hatten eine Art Bilderschrift. Sie konnten sich damit geheime Botschaften schicken. Viele Indianer schmückten damit auch ihre Tipis und Kleidung. Die weißen Siedler konnten die indianischen Schriftzeichen lange Zeit nicht lesen.

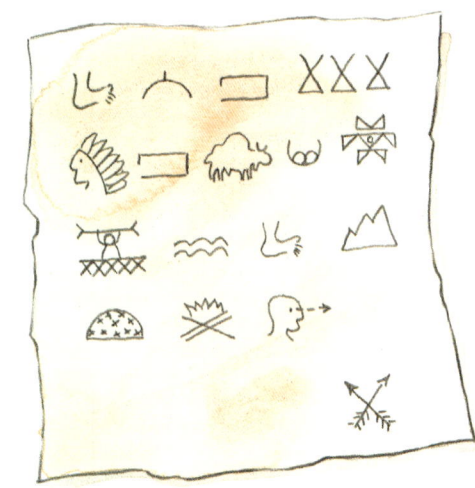

Diese Einladung schickt Häuptling Großer Bison an seinen Freund Donnervogel.

a) Kannst du lesen, wann und wohin Donnervogel kommen soll?
Was möchte der Häuptling alles mit ihm unternehmen?

b) Erfinde weitere Zeichen und schreibe selbst eine Nachricht mit indianischen Zeichen.

3 Dieser Indianer zeichnet eine spannende Geschichte auf ein Bisonfell.

a) Kannst du lesen, was der Indianer erlebt hat?

b) Schreibe selbst eine Geschichte mit indianischen Zeichen auf. Kann dein Partner alles lesen?

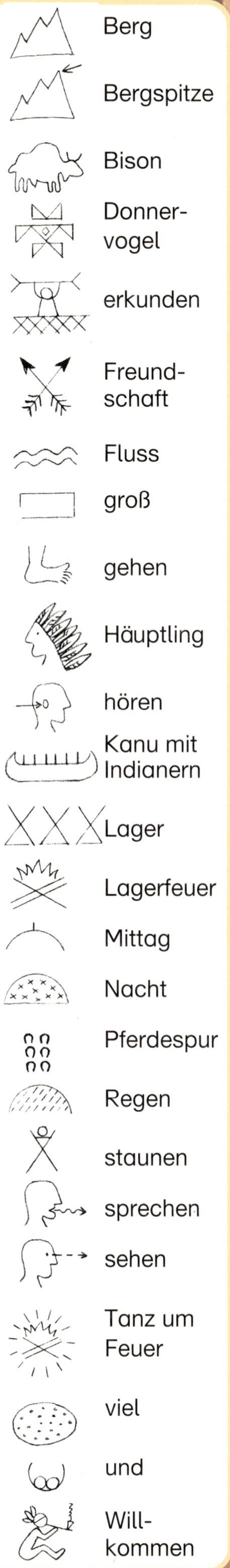

Symbol	Bedeutung
	Berg
	Bergspitze
	Bison
	Donnervogel
	erkunden
	Freundschaft
	Fluss
	groß
	gehen
	Häuptling
	hören
	Kanu mit Indianern
	Lager
	Lagerfeuer
	Mittag
	Nacht
	Pferdespur
	Regen
	staunen
	sprechen
	sehen
	Tanz um Feuer
	viel
	und
	Willkommen

Wiederholende Übungen

Findest du Aufgaben zu den Ergebniszahlen auf den Talern?
$12 = 17 - 5$

Sterntaler

Wo gehören die Steine hinein?

Rapunzel

Finde zu 3 Zahlen immer 4 Aufgaben

Dornröschen

Wir teilen nun unseren Goldschatz gerecht unter uns auf!

Die vier kunstreichen Brüder

Wie viele Taler habe ich jeweils ausgespuckt?

Tischlein deck dich

Zusammen haben wir 18 Lebkuchen gegessen!

Ich habe doppelt so viele wie du gegessen!

Hänsel und Gretel

War der Tausch gut?

Hans im Glück

Die guten ins Töpfchen! Vier gehören ins Kröpfchen.

Aschenputtel

Zehnerzahlen im Zahlenraum bis 100

1

Tim: 80
Ute: ◻

2 Welcher Zehner fehlt?

| 30 | 40 | ◻ | | ◻ | 20 | | ◻ | 40 | | 80 | 90 | ◻ |

| ◻ | 50 | 60 | | ◻ | ◻ | 100 |

3 Welcher Zehner steht dazwischen?

| 10 | ◻ | 30 | | 60 | ◻ | 80 | | 80 | ◻ | 100 |

| 70 | ◻ | 50 | | 60 | ◻ | 40 | | 50 | ◻ | 30 |

4 Welcher Zehner folgt?

| 10 | ◻ | | 40 | ◻ | | 70 | ◻ | | 90 | ◻ |

| 80 | ◻ | | 20 | ◻ | | 60 | ◻ | | 30 | ◻ |

5 Welcher Zehner geht voraus?

| ◻ | 30 | | ◻ | 80 | | ◻ | 20 | | ◻ | 50 |

| ◻ | 60 | | ◻ | 40 | | ◻ | 70 | | ◻ | 90 |

6 Kinder haben Rechenrätsel aufgeschrieben.

Lydia
Meine Zahl steht zwischen 90 und 70.

Jannick
Meiner Zahl folgt der Zehner 40.

Sarah
Meiner Zahl geht der Zehner 50 voraus.

Erfinde auch ein Zahlenrätsel!

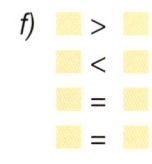

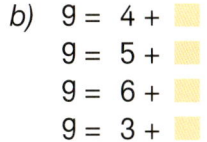

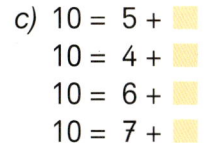

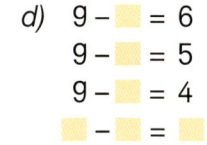

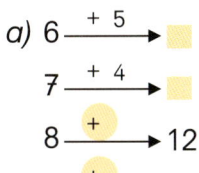

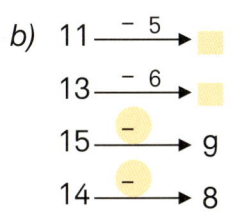

7
a) 40 > 20
30 < 50
60 ● 70
70 ● 60

b) 90 ● 100
60 ● 50
10 ● 20
80 ● 80

c) 20 ● 0
50 ● 90
90 ● 20
100 ● 10

d) 30 < ◻
60 > ◻
70 = ◻
80 < ◻

e) ◻ > 30
◻ < 70
◻ = 100
◻ > 60

f) ◻ > ◻
◻ < ◻
◻ = ◻
◻ = ◻

8
a) 6 = 3 + ◻
6 = 4 + ◻
7 = 5 + ◻
7 = 4 + ◻

b) 9 = 4 + ◻
9 = 5 + ◻
9 = 6 + ◻
9 = 3 + ◻

c) 10 = 5 + ◻
10 = 4 + ◻
10 = 6 + ◻
10 = 7 + ◻

d) 9 − ◻ = 6
9 − ◻ = 5
9 − ◻ = 4
◻ − ◻ = ◻

9
a) 6 —+5→ ◻
7 —+4→ ◻
8 —+◻→ 12
9 —+◻→ 14

b) 11 —−5→ ◻
13 —−6→ ◻
15 —−◻→ 9
14 —−◻→ 8

c) 11 − ◻ = 10
11 − ◻ = 9
11 − ◻ = 8
◻ − ◻ = ◻

d) ◻ − 4 = 9
◻ − 5 = 8
◻ + 4 = 12
◻ + 5 = 13

15

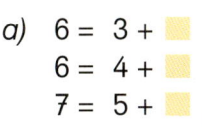

Rechnen mit Zehnerzahlen – Sachaufgaben

1 Wie viele Klötzchen haben diese Kinder erwürfelt?

Auf einen Zehner passen immer ☐ Klötzchen.

4 Z = 40   5 Z = ☐   3 Z = ☐

2 ||||| ||| ||| ||

a) 5 Z + 3 Z = ☐
   50 + 30 = ☐

b) 3 Z + ☐ = 5 Z
   30 + ☐ = 50

3 Zeichne und rechne.

a) 4 Z + 2 Z = ☐
   40 + 20 = ☐

b) 1 Z + ☐ = 5 Z
   ☐ + ☐ = ☐

c) 3 Z + 4 Z = ☐
   ☐ + ☐ = ☐

d) 2 Z + ☐ = 6 Z
   ☐ + ☐ = ☐

4 a) ||| |||| b) ||| ||||

6 Z – 3 Z = ☐   7 Z – ☐ = 3 Z
60 – 30 = ☐   70 – ☐ = 30

5 Zeichne und rechne.

a) 4 Z – 3 Z = ☐
   ☐ – ☐ = ☐

b) 5 Z – ☐ = 4 Z
   ☐ – ☐ = ☐

6
a) 4 + 5 = ☐
   40 + 50 = ☐
   6 + 3 = ☐
   60 + 30 = ☐

b) 2 + ☐ = 7
   20 + ☐ = 70
   7 + ☐ = 10
   70 + ☐ = 100

c) 9 – 5 = ☐
   90 – 50 = ☐
   7 – 2 = ☐
   70 – 20 = ☐

d) 8 – ☐ = 5
   80 – ☐ = 50
   10 – ☐ = 9
   100 – ☐ = 90

7 Kinder würfeln um Zehnerzahlen. Erzähle.

30 + 20 = ☐   ☐ + ☐ = ☐

8 Erzähle und rechne.

	🟡	🔴	zusammen
Timo	40	20	
Ulla	30	30	
Anne	60	10	

	🟡	🔴	zusammen
Eva	20		50
Tobi	50		60
Jens	40		80

	🟡	🔴	zusammen
Jan	10	30	
Nora	20	40	
Vera	10	50	

	🟡	🔴	zusammen
Lu			40
My			80
Win			100

9
a) 40 + 30 = ☐
   70 – 30 = ☐
   70 + 20 = ☐
   90 – 20 = ☐
   90 – 70 = ☐

b) 60 + 40 = ☐
   100 – 40 = ☐
   30 + 70 = ☐
   100 – 70 = ☐
   100 – 30 = ☐

c) 30 + ☐ = 50
   40 + ☐ = 50
   40 + ☐ = 60
   40 + ☐ = 70
   50 + ☐ = 70

d) 30 + ☐ = 60
   50 + ☐ = 80
   40 + ☐ = 90
   60 + ☐ = 60
   0 + ☐ = 60

10
a) ☐ + 3 = 5
   5 – 3 = ☐
   ☐ + 3 = 15
   15 – 3 = ☐
   15 – 4 = ☐

b) ☐ + 3 = 7
   7 – 3 = ☐
   ☐ + 3 = 17
   17 – 3 = ☐
   17 – 4 = ☐

c)
+	3	4	5
6			

–			
	2	3	4
12			

d) Setze richtig ein: 3, 5, 7, 12, 15, 18.
   ☐ + ☐ = ☐
   ☐ – ☐ = ☐

11
a) 6 + 5 = ☐
   6 + 6 = ☐
   6 + 7 = ☐

b) 7 + 6 = ☐
   7 + 7 = ☐
   7 + 8 = ☐

c) 9 + 8 = ☐
   9 + 9 = ☐
   9 + 10 = ☐

d) 8 + 7 = ☐
   8 + 8 = ☐
   8 + 9 = ☐

Anzahlen schätzen, Zehnerbündelung

1 a) Jan hat seine Buntstifte ausgeleert. Wie viele Stifte sind es wohl? Schätze zuerst. Dann zähle.

b) Jan stellt immer 10 Stifte in einen Becher. Nun kann er schnell feststellen, wie viele Stifte er hat. Hilf ihm dabei.

Becher	Stifte
3	6

☐ Stifte

2 a) Britta hat ihr Perlensäckchen ausgeleert. Wie viele Perlen hat sie? Schätze zuerst, dann zähle.

geschätzt: ☐ Perlen
gezählt: ☐ Perlen

b) Britta legt immer 10 Perlen in eine Schale. Nun kann sie leicht feststellen, wie viele Perlen es sind.

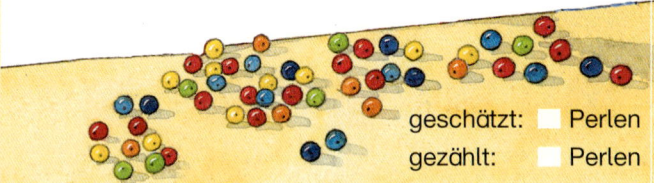

Schalen	Perlen

☐ Perlen

3 a) Wie viele Perlen sind es?

Kerstin

Schalen	Perlen

☐ Perlen

b) Zeichne die Perlen in dein Heft.

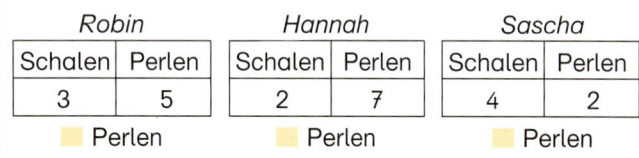

Robin

Schalen	Perlen
3	5

☐ Perlen

Hannah

Schalen	Perlen
2	7

☐ Perlen

Sascha

Schalen	Perlen
4	2

☐ Perlen

4 a) Lu möchte wissen, wie viele Klötzchen er hat. Er macht immer Fehler beim Zählen. Hilfst du ihm?

b) Luisa hat eine Idee. Sie legt immer 10 Klötzchen auf einen Zehnerstab. Nun weiß sie ganz schnell, wie viele Klötzchen es sind!

☐ Klötzchen

5 Lege mit Stäben und Klötzchen.

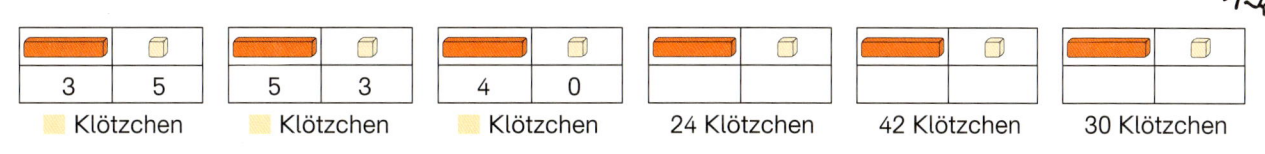

3	5	5	3	4	0						

☐ Klötzchen ☐ Klötzchen ☐ Klötzchen 24 Klötzchen 42 Klötzchen 30 Klötzchen

Zehnerbündelung, Stellenwerttafel

1 Bootfahren im Fantasia-Park!

So sehen die Bootsfahrkarten aus: Anne   Ali   Peter   Tina

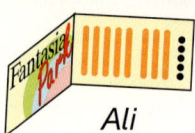

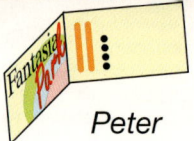

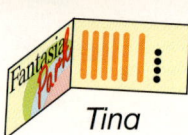

a) Mit welchen Booten fahren die Kinder?
b) Zeichne Fahrkarten für die angeketteten Boote.
c) Erfinde weitere Fahrkarten. Zeichne die passenden Boote dazu.

2 Kinder legen Fahrkarten mit Stäben und Einerklötzchen. Mit welchen Booten wollen sie fahren?

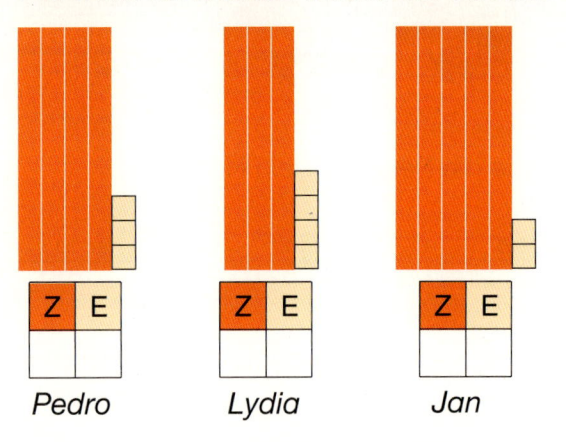

Pedro   Lydia   Jan

3 Lege mit Stäben und Klötzchen und schreibe die Zahlen auf: 5 Z + 4 E = 54

Z	E	Z	E	Z	E	Z	E	Z	E
5	4	6	8	4	4	3	0	2	7

4 Wie heißt die Zahl? 3 Z + 4 E = 34

a) 3 Z + 8 E =
   2 Z + 4 E =
b) 9 Z + 4 E =
   6 Z + 9 E =
c) 7 Z + 5 E =
   6 Z + 1 E =
d) 5 Z + 6 E =
   8 Z + 0 E =

5 Daniel zeichnet Zahlen. Wie heißen sie?

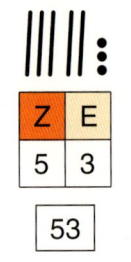

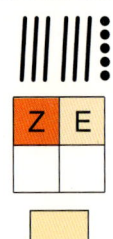

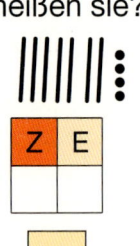

Z	E
5	3

53

6 Zeichne wie Daniel.

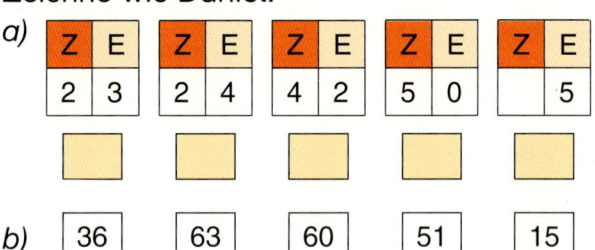

a)
Z	E	Z	E	Z	E	Z	E	Z	E
2	3	2	4	4	2	5	0		5

b) 36   63   60   51   15

7 a) Lege zuerst die Zahl 14, dann 24, dann 34, dann 44.
b) Lege zuerst die Zahl 62, dann 52, dann 42, dann 32.
c) Lege zuerst die Zahl 23, dann 24, dann 25, dann 26.
d) Lege zuerst die Zahl 45, dann 44, dann 43, dann 42.

Fällt dir etwas auf?

8 Nimm von jeder Zahl einen Zehner weg. Wie heißen die Zahlen danach?

64   51   29   17   71   95

9 Lege zu jeder Zahl einen Einer dazu. Wie heißen die Zahlen danach?

26   62   58   85   47   90

Stellenwerttafel, Rechnen mit Geld

1 Wie viel Geld haben die Kinder?

Hanni | Renate | Roland | Gerhard

10	1
4	2

42 Cent   ▢ Cent   ▢ Cent   ▢ Cent

2 a) Lege mit deinem Rechengeld und gib an, wie viel Geld die Kinder haben.

Bärbel
10	1
2	4
▢ Cent

Tom
10	1
2	9
▢ Cent

Karin
10	1
5	2
▢ Cent

Peter
10	1
4	8
▢ Cent

Gertrud
10	1
7	3
▢ Cent

Britta
10	1
8	1
▢ Cent

b) Ordne die Geldbeträge nach dem Wert.

3 Jedem Kind fehlt eine Münze. Lege sie ins Sparschwein.

Helga hat 45 Cent.

Uli hat 75 Cent.

4
35 Cent = 30 Cent + 5 Cent
51 Cent = ▢ Cent + ▢ Cent
68 Cent = ▢ Cent + ▢ Cent

40 Cent = ▢ Cent + ▢ Cent
▢ Cent = 20 Cent + 3 Cent
▢ Cent = 70 Cent + 7 Cent

5

Anni: Ich habe 4 Zehner und 7 Cent.

Johannes: Ich habe 4 Cent und doppelt so viele Zehner.

Lege mit deinem Rechengeld und knoble.

Irmi: Ich habe 9 Zehner und 4 Cent.

Gabi: In meinem Geldbeutel sind 8 Cent, aber nur 3 Zehner.

Harald: Ich habe 3 Cent und doppelt so viele Zehner.

6 a) 60 + ▢ = 90
90 − ▢ = 60
40 + ▢ = 70
70 − ▢ = 40

b) 100 − ▢ = 30
100 − ▢ = 70
100 − ▢ = 80
100 − ▢ = 20

c) 20 − ▢ = 18
20 − ▢ = 12
20 − ▢ = 11
20 − ▢ = 10

d) ▢ = 8 + 5
▢ = 8 + 6
▢ = 9 + 6
▢ = 6 + 9

Zahldarstellungen im Hunderterfeld

1 Die Kinder fahren ins Theater.

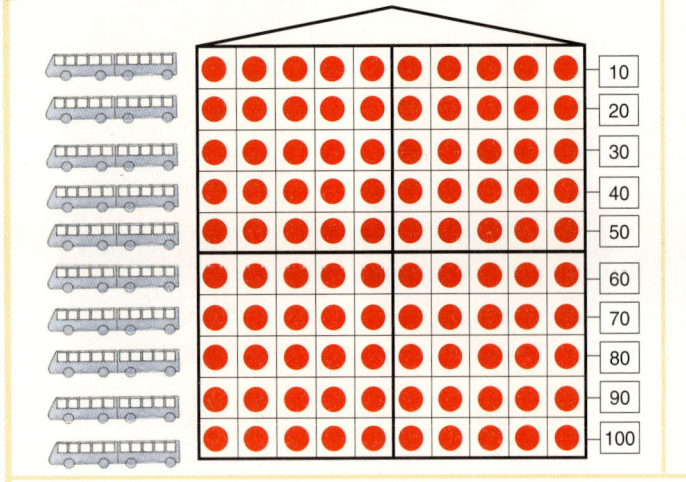

2 Wie viele Kinder sitzen im Theater?

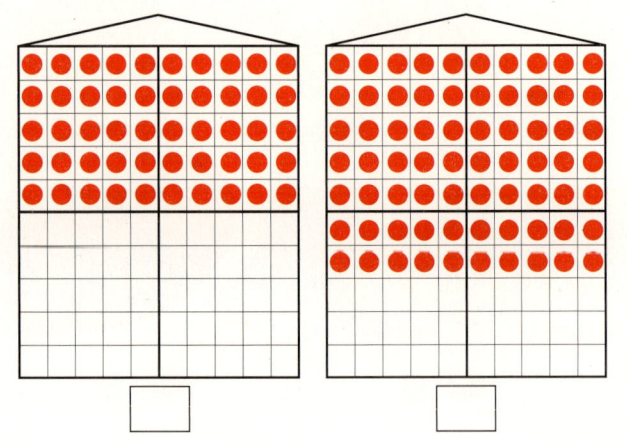

3 50 70 90 100
Lege die Zahlen mit deinen 10er-, 20er- und 50er-Streifen.
Welche Streifen verwendest du, welche dein Partner?
Findet ihr jeweils mehrere Möglichkeiten?

4 Lege mit deinen 10er-Streifen.

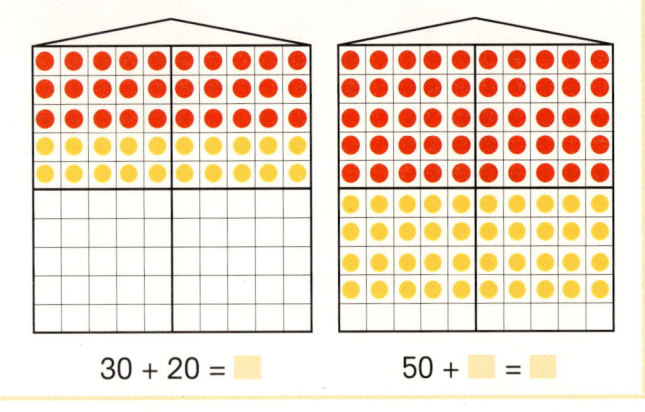

30 + 20 = ☐   50 + ☐ = ☐

5 Lege mit deinen 10er-Streifen.

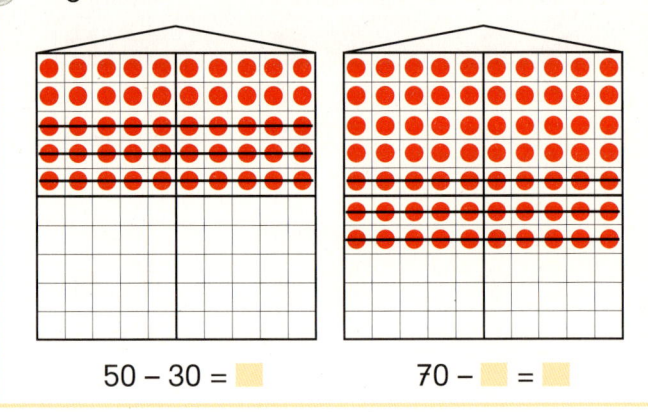

50 − 30 = ☐   70 − ☐ = ☐

6
50 + 30 = ☐   40 + ☐ = 60   90 = 50 + 20 + ☐   60 − 20 = ☐   50 − ☐ = 10
60 + 20 = ☐   50 + ☐ = 50   80 = 50 + 20 + ☐   50 − 40 = ☐   40 − ☐ = 20
30 + 40 = ☐   10 + ☐ = 70   70 = 50 + ☐ + ☐   70 − 50 = ☐   60 − ☐ = 40

7 Wie viele Kinder sitzen im Theater?

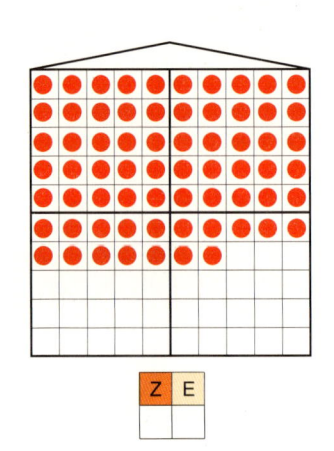

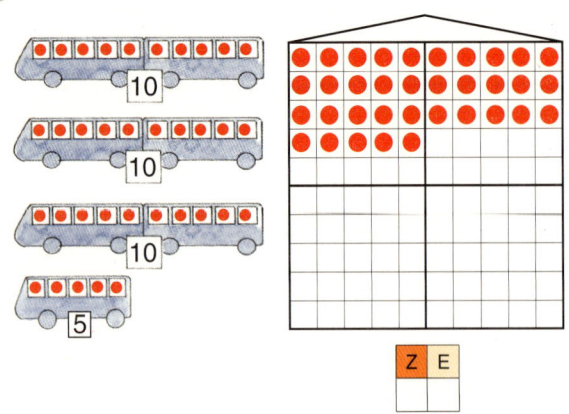

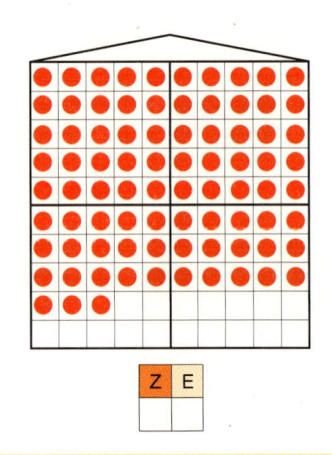

Z	E

8 Lege mit deinen 10er-Streifen und Plättchen. Zeichne und schreibe auf.

Z	E
3	6

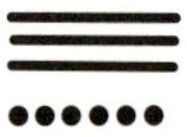

≡≡≡
••••••
36

Z	E
4	1

Z	E
2	4

Z	E
5	3

Zahlen schreiben und lesen – Rechnen mit einstelligen Zahlen

1 Hier siehst du die Plätze von Lu und Luisa.

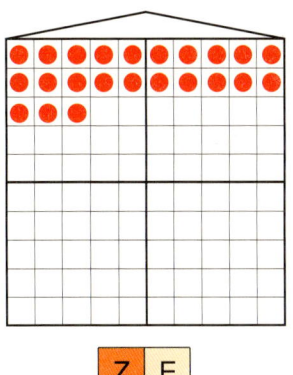

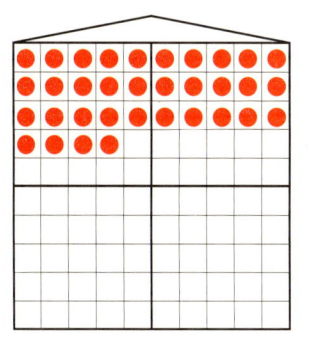

Lu: Luisa:

So zeichnet Lu.   So zeichnet Luisa.

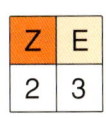

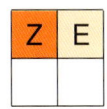

Lu und Luisa schreiben schöne Eintrittskarten.

Ich habe *drei* und zwanzig geschrieben.

Ich schreibe *vier* und *dreißig*.

2 Lege mit 10er-Streifen und Plättchen. Schreibe zu den Zahlen Eintrittskarten.

a) sieben und dreißig   b) sechs und vierzig   c) acht und fünfzig   d) zwei und sechzig
e) fünf und achtzig   f) neun und siebzig   g) sieben und neunzig   h) ein und neunzig

3 Lies die Zahlen. Lege und zeichne.

85   22   56   65   25   52   53

4 Kinder kommen und gehen.

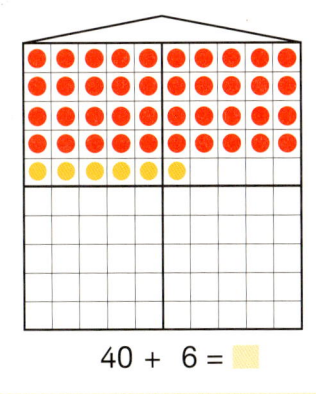

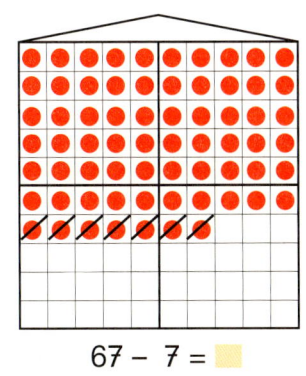

40 + 6 =   67 − 7 =

Lege und rechne.

a) 60 + 7 =   b) 30 + ☐ = 32
   50 + 1 =   30 + ☐ = 37
   70 + 9 =   80 + ☐ = 87
   40 + 6 =   20 + ☐ = 26

c) 46 − 6 =   d) 31 − ☐ = 30
   32 − 2 =   91 − ☐ = 90
   69 − 9 =   48 − ☐ = 40
   87 − 7 =   25 − ☐ = 20

5 80 = 50 + ☐ + 10   ☐ = 40 + 20 + 10   ☐ + 3 = 93   ☐ − 3 = 50
     90 = 50 + ☐ + 20   ☐ = 60 + 30 + 10   ☐ + 6 = 66   ☐ − 7 = 70

21

Rechnen mit einstelligen Zahlen innerhalb der Zehner

Das Rechnen mit Plus und Minus innerhalb der Zehner finde ich leicht! Du auch?

1 a)

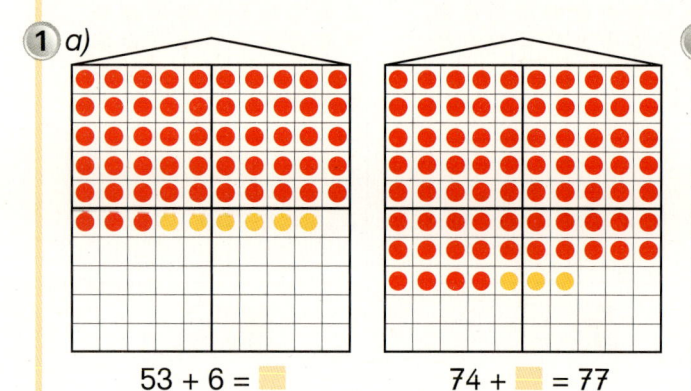

53 + 6 = ▢   74 + ▢ = 77

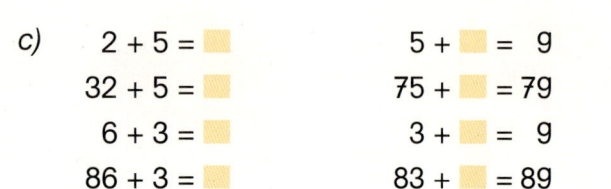

b) Lege mit Streifen und Plättchen.

21 + 5 = ▢   72 + ▢ = 75
33 + 6 = ▢   55 + ▢ = 59

c) 2 + 5 = ▢   5 + ▢ = 9
32 + 5 = ▢   75 + ▢ = 79
6 + 3 = ▢   3 + ▢ = 9
86 + 3 = ▢   83 + ▢ = 89

2 a)

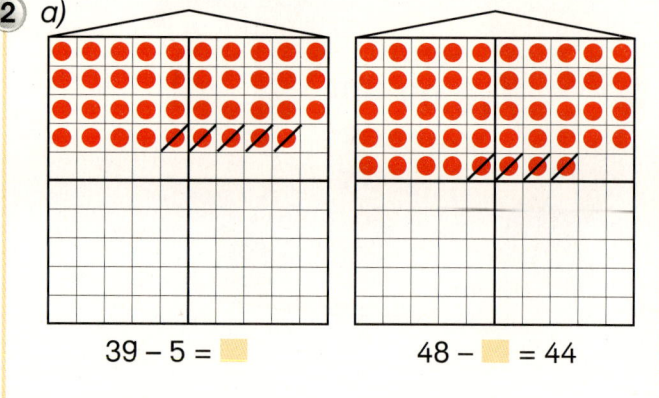

39 – 5 = ▢   48 – ▢ = 44

b) Lege mit Streifen und Plättchen.

38 – 6 = ▢   26 – ▢ = 22
67 – 5 = ▢   54 – ▢ = 51

c) 6 – 4 = ▢   7 – ▢ = 2
76 – 4 = ▢   27 – ▢ = 22
8 – 5 = ▢   9 – ▢ = 7
68 – 5 = ▢   49 – ▢ = 47

3 a) Im 100er-Theater sind 6 Reihen besetzt, in der 7. Reihe sitzen 4 Kinder. Wie viele Kinder sitzen im Theater?

b) Im Theater sitzen 69 Kinder. Einige Kinder gehen hinaus. Nun sind noch 64 Kinder im Theater. Wie viele Kinder sind hinausgegangen?

c) Vera legt einen 50er-Streifen und zwei 20er-Streifen. Wie viele Punkte muss sie noch legen, damit es 96 Punkte sind?

d) Lukas hat mit 4 Streifen 100 Punkte gelegt. Er hat zuerst zwei 20er-Streifen und einen 10er-Streifen gelegt. Welchen Streifen hat er noch gelegt?

4 Fällt dir etwas auf?

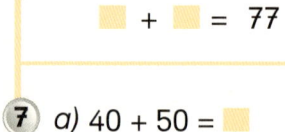

a) 42 + 6 = ▢   b) 21 + ▢ = 28
46 + 2 = ▢   27 + ▢ = 28
53 + 4 = ▢   34 + ▢ = 36
54 + 3 = ▢   32 + ▢ = 36

5 Findest du verwandte Aufgaben?

a) 15 + ▢ = 18   b) ▢ + ▢ = 25
▢ + ▢ = 18   ▢ + ▢ = 25
91 + ▢ = 96   ▢ + ▢ = 88
▢ + ▢ = 96   ▢ + ▢ = 88

6 a) ▢ + 3 = 63   b) ▢ – 3 = 90   c) ▢ + 4 = 68   d) ▢ – 2 = 24   e) 64 = ▢ – 3
▢ + ▢ = 77   ▢ – 8 = 80   ▢ + 2 = 55   ▢ – 3 = 31   25 = ▢ – 4

7 a) 40 + 50 = ▢   b) 50 – ▢ = 10   c) 6 + 5 = ▢   d) 8 + 4 = ▢   e) Verbessere.
90 – 50 = ▢   90 – ▢ = 40   5 + 6 = ▢   ▢ – 4 = 8   8 + 7 = 16
60 + 20 = ▢   70 – ▢ = 10   6 + 7 = ▢   7 + 7 = 14   6 + 6 = 13
80 – 20 = ▢   80 – ▢ = 20   7 + 6 = ▢   14 – ▢ = 7   14 – 5 = 8
80 – 30 = ▢   100 – ▢ = 50   8 + 6 = ▢   14 – ▢ = 8   17 – 8 = 10

Übungsaufgaben zur Zahlenraumerweiterung

1

Hilfst du beim Suchen?

Steine mit Zahlen: 5, 42, 40, 0Z 5E, 31, 4Z 0E, 3Z 1E, 24, 5Z 0E, 4Z 2E, 50, 4E 2Z, 5Z 8E, 58 | 32, 23, ||:, 2E 3Z, ||||:, 4Z 1E, 4Z 3E, ||||•, 2Z 3E, 43, |||:, 41, 6Z 1E, 61, ||||||•

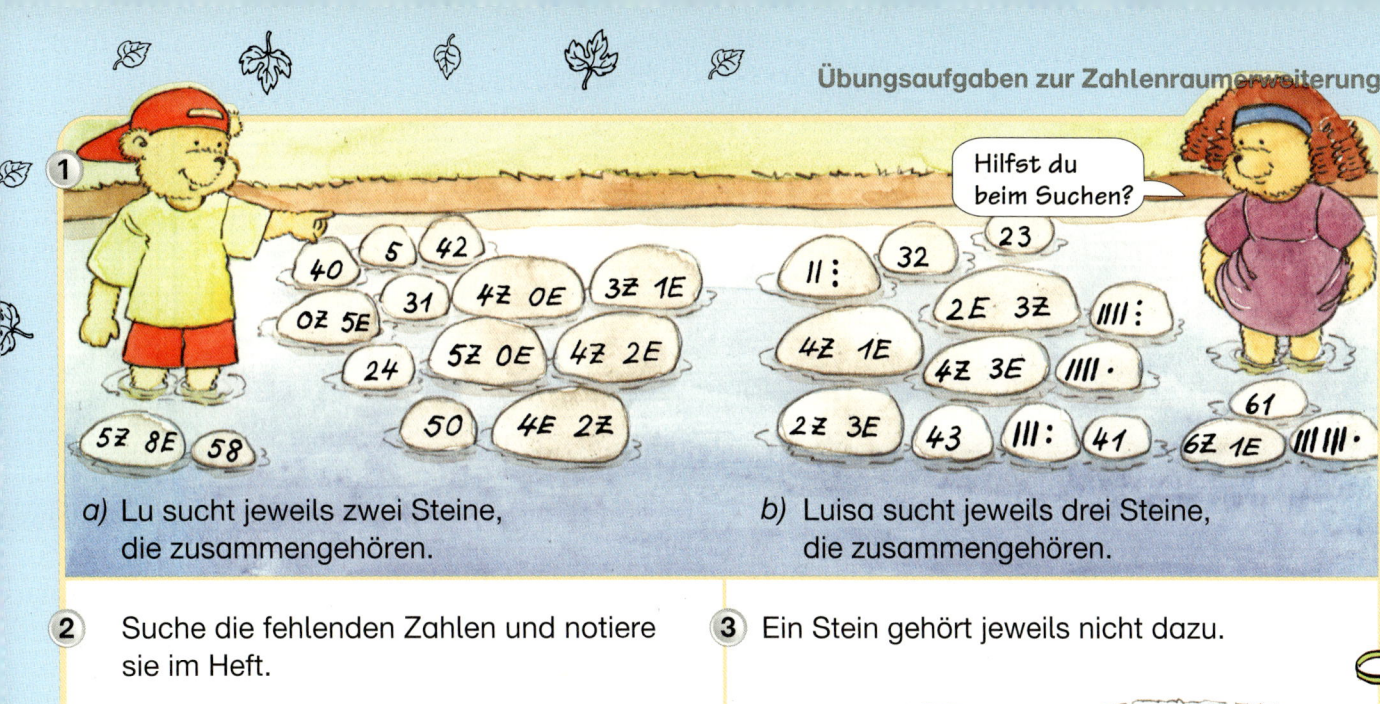

a) Lu sucht jeweils zwei Steine, die zusammengehören.

b) Luisa sucht jeweils drei Steine, die zusammengehören.

2 Suche die fehlenden Zahlen und notiere sie im Heft.

a) ||||| :   5 Z 2 E
b)   6 Z 0 E   60
c) || •   21

3 Ein Stein gehört jeweils nicht dazu.

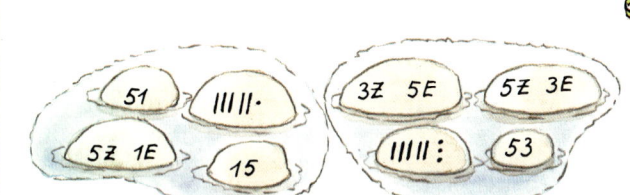

Gruppe 1: 51, ||||||•, 5Z 1E, 15
Gruppe 2: 3Z 5E, 5Z 3E, ||||:, 53

4 a) 38 = 3 Z + 8 E   b) 92 = □ Z + □ E
   38 = 30 + 8   92 = □ + □
   46 = 4 Z + □ E   74 = □ Z + □ E
   46 = □ + □   74 = □ + □

c) 60 + 9 = □   d) 51 = 50 + □
   70 + 5 = □   27 = 20 + □
   80 + 8 = □   42 = □ + 2
   30 + 3 = □   63 = □ + 3

5 Lege mit 50er-, 20er- und 10er-Streifen.
80 = 50 + 20 + □   70 = 20 + 20 + □ + □
90 = 50 + □ + □   80 = 20 + 20 + □ + □
70 = 50 + □ + □   60 = □ + □ + □ + □

6 a) 60 − 40 = □   b) 80 − 50 = □
      20 + 40 = □   30 + 50 = □
      30 + 40 = □   40 + 40 = □

7 Schreibe die Zahlen ins Heft. Ordne sie nach der Größe.

a) 5Z 3E, 8E 0Z, 5E 3Z, 8Z 2E, 4E 5Z
b) 6Z 2E, 6E 2Z, 4Z 6E, 0E 3Z, 6Z 4E

8 a) 40 = 60 − □   b) 60 = □ − 7
      70 = □ − 30   40 = □ − 8
      30 = □ − 20   □ = 90 − 0
      □ = 80 − 70   □ − 3 = 25
      □ = 90 − 90   □ − 4 = 44

9 Wie viele Steine haben die Kinder gesammelt?

a) Nils hat 14 Steine gesammelt, sein Freund Paul 5 Steine mehr.

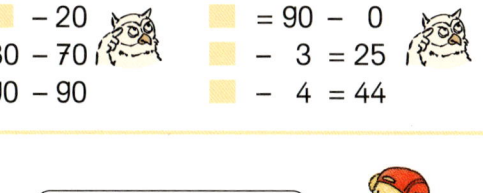

Erfinde auch du Steine-Geschichten!

b) Tabea hat 28 Steine gesammelt, Katrin 7 Steine weniger.

c) Wenn Felix noch 6 Steine gefunden hätte, dann wären es genau 30 Steine.

10 a) 7 − 4 = □   b) 2 + □ = 7   c) □ + 4 = 54   d) 61 = □ − 5
       27 − 4 = □   82 + □ = 87   □ − 3 = 41   72 = □ − 4
       9 − 5 = □   9 + □ = 9   □ − □ = 25   □ = □ − 2
       99 − 5 = □   99 + □ = 99   □ + □ = 87   □ = □ − 5

11 Suche die Regel und setze ein.

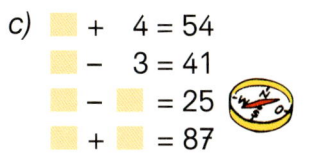

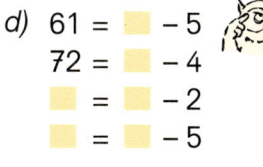

a) 2, 4, 6, □, □, 12   b) 6, 9, 12, □, □, 21   c) 13, 11, 9, □, □   d) □, □, 24, □, □

Orientierungsübungen

1

Seid ihr alle da?

[100er-Feld mit Sitzplätzen 1–100]

2 Die Kinder der Waldschule fahren mit zehn 10er-Bussen ins Theater.
Was fällt dir im 100er-Theater auf? Erzähle.

3 a) Welche Nummer hat der Sitz zwischen …

| 23 und 25 | 38 und 40 | 88 und 90 |
| 43 und 45 | 68 und 70 | 73 und 75 |

b) Nenne die Sitzplätze zwischen …

| 26 und 30 | 31 und 37 | 40 und 33 |
| 53 und 58 | 74 und 80 | 90 und 84 |

4 a) Nenne alle Sitzplätze, die als Zehnerzahl …

| eine 8 | eine 4 | eine 3 | haben.

b) Nenne alle Sitzplätze, die als Einerzahl …

| eine 4 | eine 0 | eine 8 | haben.

5 a) 7 + ☐ = 10
7 + ☐ = 12
8 + ☐ = 10
8 + ☐ = 14

b) 13 − ☐ = 10
14 − ☐ = 9
15 − ☐ = 10
15 − ☐ = 8

c) 8 − ☐ = 2
38 − ☐ = 32
9 − ☐ = 3
89 − ☐ = 83

d) 24 = 27 − ☐
43 = 48 − ☐
57 = 52 + ☐
86 = 81 + ☐

e) ☐ + ☐ = 14
☐ + ☐ = 19
☐ − ☐ = 11
☐ − ☐ = 14

Orientierungsübungen im Hunderterfeld

1) Lu gibt uns Rätsel auf. Findest du die Sitzplätze?

a) „Hier sitze ich." 61 62 / 73

b) „Hier sitzen meine Freunde."
25, 27 / 77, 78, 80 / 87 / 33, 35, 36 / 77 / 45 / 38, 55 / 48 / 92, 93, 95

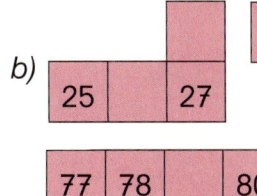

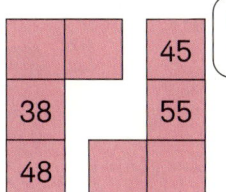

c) Ergänze im Heft.

21 22 _
_ 43 44
_ 75 _ 77

53 / 63 / 20, 30, 60

_ 49
58
69 _ 87

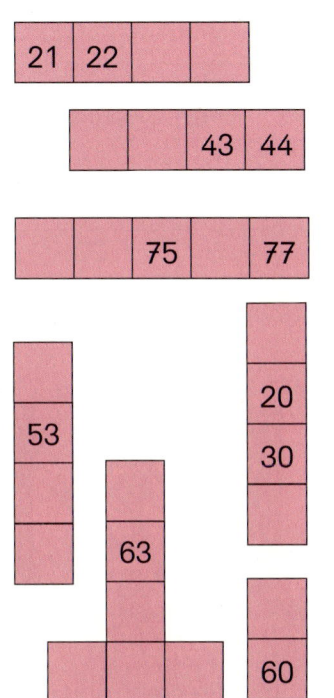

d) Nenne die fehlenden Plätze.

1	2	3	4	5	6	7	8	9	10
11	12	13	14	15	16	17	18	19	20
21	22	23	24	25	26	27			30
31	32	33	34	35	36	37	38	39	40
41	42	43	44	45	46	47	48	49	50
51	52	53	54	55	56	57	58	59	60
61	62	63			66	67	68	69	70
71		73	74	75	76	77	78	79	80
	82	83	84	85	86	87	88	89	90
	92	93		95			98	99	100

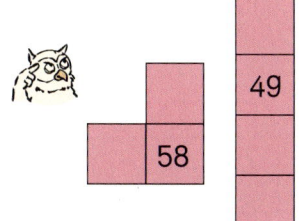

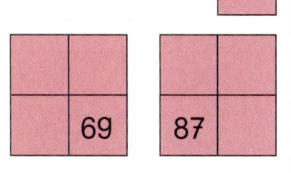

„Wo ist dein Sitz? Zeichne auch einen Plan!"

2) Löse mit deinem Partner.

a) „Ich sitze auf Platz 76. Wie heißen die Nummern meiner beiden Nachbarn, wer sitzt direkt vor mir, wer hinter mir? Wer sitzt am Ende meiner Reihe?"

b) „Meine Nummer besteht aus zwei gleichen Ziffern und liegt zwischen 31 und 40."

c) „Meine Nummer hat doppelt so viele Einer wie Zehner!"

d) „Welche Zahlen haben halb so viele Einer wie Zehner?"

e) Erfinde ein Rätsel. Stelle es deinem Partner.

3) Suche zuerst die Zahlen am Hunderterfeld. Dann spaziere auf dem Zahlenpfad weiter bis zur Zielzahl.

3, 14, 25 bis 80   11, 22, 33 bis 99   9, 18, 27 bis 81   10, 19, 28 bis 91

4) Suche die Fehler und verbessere im Heft.

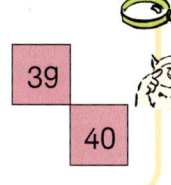

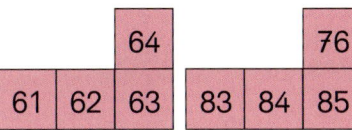

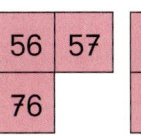

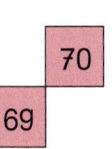

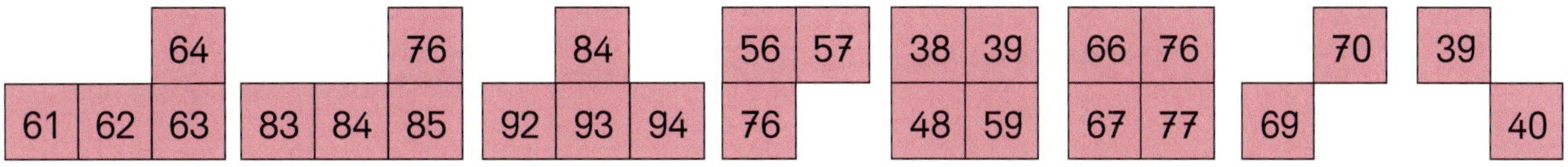

_ 64 _ / _ 76 _ / _ 84 _ / 56 57 / 38 39 / 66 76 / _ 70 _ / 39 _
61 62 63 / 83 84 85 / 92 93 94 / 76 _ / 48 59 / 67 77 / 69 _ / _ 40

25

Sachaufgaben, Addieren mit 3 Summanden

1

2 Die Kinder haben für ihre Bilder Blätter gesammelt. Erzähle.

	🍃	 🍂	 🍁	zusammen
Lisa	5	3	5	
Simon	4	4	8	
Marion	7	5	3	
Julia	7	0	7	

Lisa: 5 + 3 + 5 = ▢

3 Wie viele Ahornblätter sind es jeweils?

	🍃	 🍂	 🍁	zusammen
Tobias	2	5		10
Sabine	4	4		12
Judith	5	5		17
Katja	0	9		11

Tobias: 2 + 5 + ▢ = 10

4 Erzähle, dann rechne.

	🍃	 🍂	 🍁	zusammen
Tim	5		5	14
Andy		4	2	10
Sarah	8		8	20
Bianca	9	0		11

5 Rechne geschickt.

a) 2 + 4 + 6 = ▢
   3 + 7 + 6 = ▢
   1 + 7 + 9 = ▢
   2 + 5 + 8 = ▢

b) 6 + 2 + 6 = ▢
   3 + 5 + 5 = ▢
   8 + 1 + 8 = ▢
   6 + 7 + 7 = ▢

c) 6 + 4 + ▢ = 14
   8 + 8 + ▢ = 17
   9 + 1 + ▢ = 15
   3 + 3 + ▢ = 12

6 Erzähle Blättergeschichten.

a) Mona:
   1 + 9 + ▢ = 18

b) Alex:
   6 + ▢ + 6 = 15

c) Susi:
   ▢ + 3 + 4 = 16

d) Wie sieht deine Aufgabe aus?
   ▢ + ▢ + ▢ = ▢

7 Suche zu jedem Blätterwichtel die passende Geschichte.

Kemal benutzte 3 Buchenblätter, 3 Eichenblätter und 5 Ahornblätter.

Marie hat ihr Bild aus 4 Buchenblättern und halb so vielen Ahornblättern gebastelt. Insgesamt sind es 12 Blätter.

Felix hat für sein Bild 6 Buchenblätter und 4 Ahornblätter verwendet.

Sven brauchte 3 Buchenblätter, 5 Eichenblätter und 4 Ahornblätter.

8
a) 40 + ▢ = 49
   50 + ▢ = 53
   66 − ▢ = 60
   21 − ▢ = 21

b) 5 + 4 = ▢
   95 + 4 = ▢
   8 − 4 = ▢
   88 − 4 = ▢

c) 2 + ▢ = 8
   62 + ▢ = 68
   5 − ▢ = 1
   65 − ▢ = 61

d) 8 − ▢ = 2
   28 − ▢ = 22
   28 − ▢ = 23
   38 − ▢ = 33

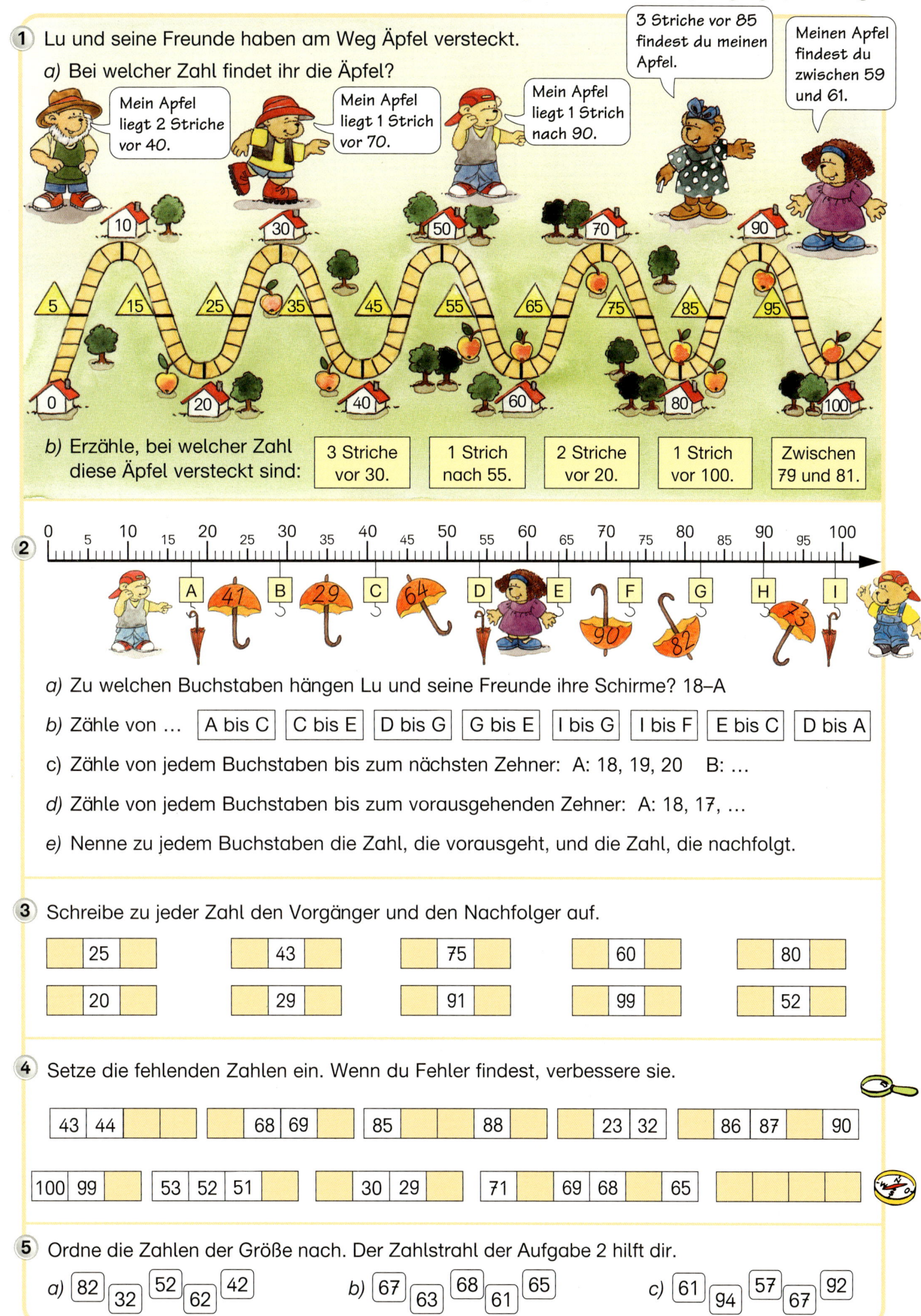

Zahldarstellungen am Zahlenstrahl, Vorgänger, Nachfolger

1 Lu und seine Freunde haben am Weg Äpfel versteckt.

a) Bei welcher Zahl findet ihr die Äpfel?

- Mein Apfel liegt 2 Striche vor 40.
- Mein Apfel liegt 1 Strich vor 70.
- Mein Apfel liegt 1 Strich nach 90.
- 3 Striche vor 85 findest du meinen Apfel.
- Meinen Apfel findest du zwischen 59 und 61.

b) Erzähle, bei welcher Zahl diese Äpfel versteckt sind:
3 Striche vor 30. | 1 Strich nach 55. | 2 Striche vor 20. | 1 Strich vor 100. | Zwischen 79 und 81.

2

a) Zu welchen Buchstaben hängen Lu und seine Freunde ihre Schirme? 18–A

b) Zähle von … A bis C | C bis E | D bis G | G bis E | I bis G | I bis F | E bis C | D bis A

c) Zähle von jedem Buchstaben bis zum nächsten Zehner: A: 18, 19, 20 B: …

d) Zähle von jedem Buchstaben bis zum vorausgehenden Zehner: A: 18, 17, …

e) Nenne zu jedem Buchstaben die Zahl, die vorausgeht, und die Zahl, die nachfolgt.

3 Schreibe zu jeder Zahl den Vorgänger und den Nachfolger auf.

25 | 43 | 75 | 60 | 80
20 | 29 | 91 | 99 | 52

4 Setze die fehlenden Zahlen ein. Wenn du Fehler findest, verbessere sie.

43 44 __ | 68 69 | 85 __ 88 | 23 32 | 86 87 __ 90

100 99 __ | 53 52 51 | 30 29 | 71 __ 69 68 __ 65 | __ __ __

5 Ordne die Zahlen der Größe nach. Der Zahlstrahl der Aufgabe 2 hilft dir.

a) 82 32 52 62 42

b) 67 63 68 61 65

c) 61 94 57 67 92

27

Orientierungsübungen am Zahlenstrahl

1

2 Welche Höhen haben die Ballons erreicht?

3 Welcher Ballon ist gemeint?

| 3 Striche vor 10 | 3 Striche nach 40 | 4 Striche nach 55 |

3 Striche vor 90

Erfinde ein Rätsel zu Wins Ballon.

4 Zeige deinem Partner diese Zahlen am Zahlenstrahl. Nenne auch den folgenden Zehner.

| 18 | 29 | 42 | 84 | 63 | 71 | 35 | 99 |

5 a) Wie heißen die Zahlen?

b) Nenne jeweils den vorausgehenden Zehner, dann den nachfolgenden. A – 48: 40 geht voraus, 50 folgt.

6 Welcher Ballon ist hier am höchsten geflogen? Ordne nach der Höhe.

a) Jo 32   Win 85   Flo 68   Lu 23 | 23 |

b) Jo 53   Win 35   Flo 91   Lu 28

7 Zeige die Zahlen am Zahlenstrahl und vergleiche.

75 > 74   60 ● 61   100 ● 99   40 > ▢   ▢ < ▢
43 ● 34   90 ● 90   0 ● 20   39 < ▢   ▢ > ▢

8 a) 29 – 7 = ▢   b) 28 – 7 = ▢   c) ▢ + 3 = 25   d) 21 = 25 – ▢   e) 26 = ▢ – ▢
   94 – 2 = ▢   36 – 0 = ▢   ▢ + 1 = 99   73 = 76 – ▢   ▢ = 48 – ▢
   79 – 8 = ▢   78 – 2 = ▢   ▢ – 4 = 11   45 = 49 – ▢   ▢ – 3 = ▢
   48 – 4 = ▢   78 – 6 = ▢   ▢ – 5 = 32   66 = 68 – ▢   21 + 5 > ▢

9 a) 6 + 6 + 2 = ▢   b) 5 + 6 + 7 = ▢   c) 6 + 5 + ▢ = 17   d) 8 + ▢ + ▢ = 16
   7 + 7 + 3 = ▢   4 + 5 + 6 = ▢   7 + 6 + ▢ = 13   9 + ▢ + ▢ = 18

Ergänzen und Addieren zu Zehnerzahlen

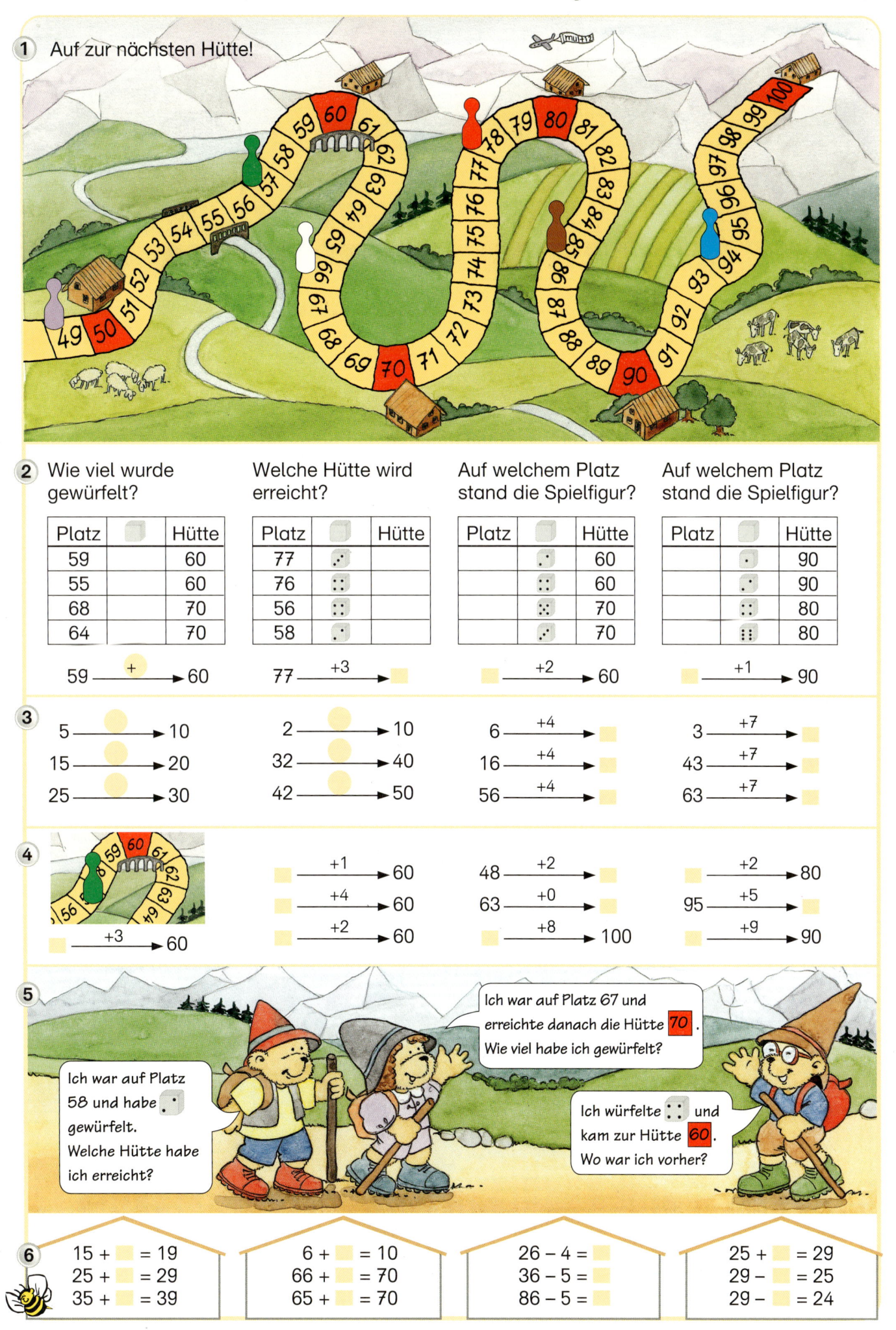

1 Auf zur nächsten Hütte!

2 Wie viel wurde gewürfelt?

Platz	🎲	Hütte
59		60
55		60
68		70
64		70

59 —+→ 60

Welche Hütte wird erreicht?

Platz	🎲	Hütte
77	⚂	
76	⚄	
56	⚃	
58	⚁	

77 —+3→ ▨

Auf welchem Platz stand die Spielfigur?

Platz	🎲	Hütte
	⚁	60
	⚃	60
	⚄	70
	⚂	70

▨ —+2→ 60

Auf welchem Platz stand die Spielfigur?

Platz	🎲	Hütte
	⚀	90
	⚁	90
	⚃	80
	⚅	80

▨ —+1→ 90

3
5 —●→ 10
15 —●→ 20
25 —●→ 30

2 —●→ 10
32 —●→ 40
42 —●→ 50

6 —+4→ ▨
16 —+4→ ▨
56 —+4→ ▨

3 —+7→ ▨
43 —+7→ ▨
63 —+7→ ▨

4

▨ —+3→ 60

▨ —+1→ 60
▨ —+4→ 60
▨ —+2→ 60

48 —+2→ ▨
63 —+0→ ▨
▨ —+8→ 100

▨ —+2→ 80
95 —+5→ ▨
▨ —+9→ 90

5 Ich war auf Platz 58 und habe ⚁ gewürfelt. Welche Hütte habe ich erreicht?

Ich war auf Platz 67 und erreichte danach die Hütte 70. Wie viel habe ich gewürfelt?

Ich würfelte ⚄ und kam zur Hütte 60. Wo war ich vorher?

6
15 + ▨ = 19
25 + ▨ = 29
35 + ▨ = 39

6 + ▨ = 10
66 + ▨ = 70
65 + ▨ = 70

26 − 4 = ▨
36 − 5 = ▨
86 − 5 = ▨

25 + ▨ = 29
29 − ▨ = 25
29 − ▨ = 24

Ergänzen und Subtrahieren von Zehnerzahlen

1 Erzähle.

2 Erzähle Rechengeschichten.

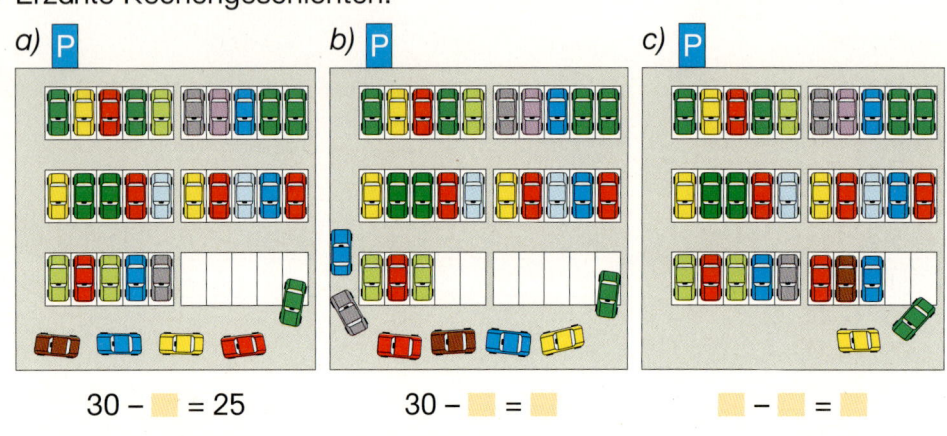

a) 30 − ■ = 25

b) 30 − ■ = ■

c) ■ − ■ = ■

3 Bringt Spielzeugautos mit.

Malt einen großen Parkplatz.

Erfindet zusammen Parkplatzgeschichten und spielt diese mit euren Autos.

4 Wie viele Autos bleiben?

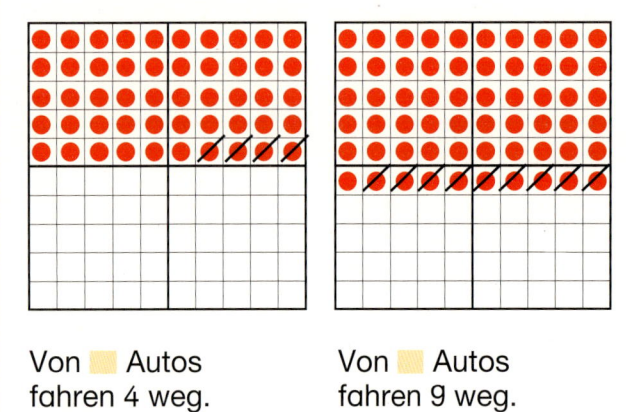

Von ■ Autos fahren 4 weg.

Von ■ Autos fahren 9 weg.

5 Lege die Aufgaben zuerst mit Zehnerstreifen. Wechsle danach den letzten Zehnerstreifen in 10 Plättchen um. Dann nimm weg.

a) 10 − 6 = ■
   20 − 6 = ■
   30 − 6 = ■

b) 100 − 5 = ■
   100 − 7 = ■
   60 − 1 = ■

c) 10 − ■ = 2
   90 − ■ = 82
   90 − ■ = 88

d) 100 − ■ = 95
   100 − ■ = 97
   100 − ■ = 100

6 Auf einem Parkplatz stehen 30 Autos.
9 Autos fahren weg.
Wie viele Autos stehen noch da?
Zeichne und rechne.

7 Auf den Parkplatz fahren 6 Autos.
Jetzt sind es genau 20 Autos.
Wie viele Autos standen vorher da?
Zeichne und rechne.

8
a) 8 + ■ = 10 
   28 + ■ = 30
   1 + ■ = 10
   81 + ■ = 90
   61 + ■ = 70

b) ■ + 3 = 39
   39 − 3 = ■
   ■ + 7 = 68
   68 − 7 = ■
   58 − 7 = ■

c) 6 + 7 = ■
   8 + 5 = ■
   9 + 9 = ■
   9 + 8 = ■
   7 + 7 = ■

d)
+	2	4
17		

−	4	6
99		

e) ■ + 4 = 50
   ■ + 5 = 100
   ■ + ■ = 70
   ■ − 3 = 27
   ■ − 4 = 56

30

Vertiefende Übungen bis 100: Knacken und Knobeln

1 Heute begrüßt euch Lu im Flieger. Wie heißt sein Gruß?

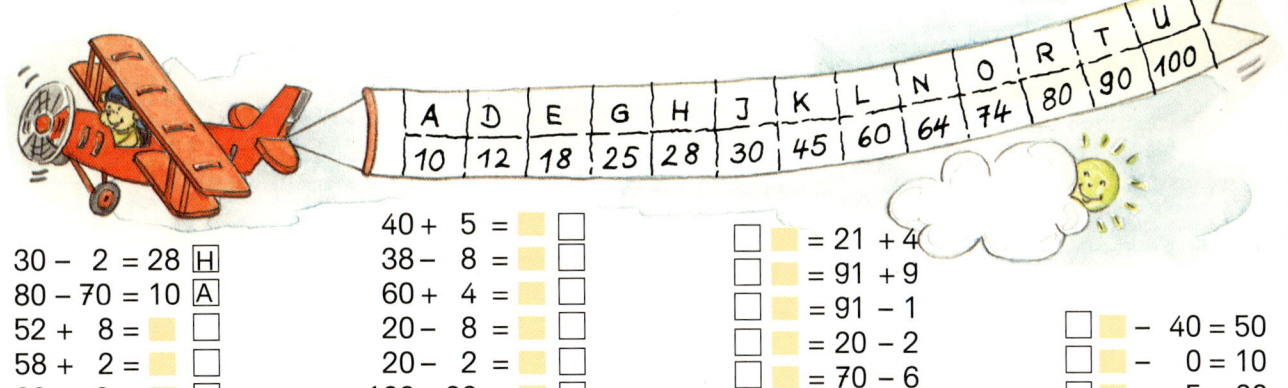

A	D	E	G	H	J	K	L	N	O	R	T	U
10	12	18	25	28	30	45	60	64	74	80	90	100

30 − 2 = 28 H
80 − 70 = 10 A
52 + 8 = ☐
58 + 2 = ☐
80 − 6 = ☐

40 + 5 = ☐
38 − 8 = ☐
60 + 4 = ☐
20 − 8 = ☐
20 − 2 = ☐
100 − 20 = ☐

☐ = 21 + 4
☐ = 91 + 9
☐ = 91 − 1
☐ = 20 − 2
☐ = 70 − 6

☐ − 40 = 50
☐ − 0 = 10
☐ + 5 = 30

2 Erfinde auch Fliegerrätsel.

☐●☐ = 80 R
☐●☐ = 10 A
☐●☐ = ☐ T
☐●☐ = ☐ E
☐●☐ = ☐ N

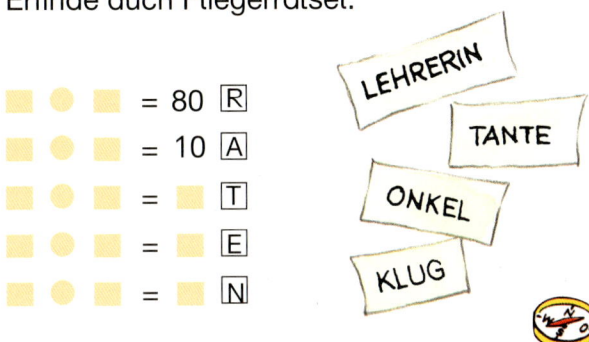

LEHRERIN
TANTE
ONKEL
KLUG

3 Die Kinder haben Flieger gebastelt. Welcher Flieger flog am weitesten?

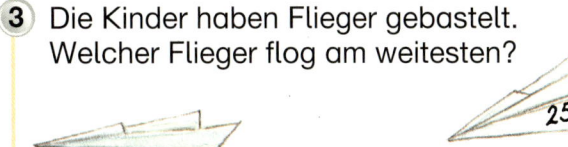

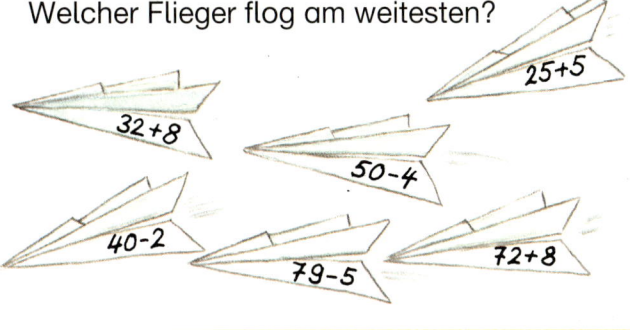

25+5
32+8
50−4
40−2
79−5
72+8

4
a) 20 − 7 = ☐
   30 − 5 = ☐
   70 − 9 = ☐
   80 − 4 = ☐

b) 90 − ☐ = 83
   40 − ☐ = 39
   50 − ☐ = 50
   70 − ☐ = 68

c) 21 + 9 = ☐
   33 + 7 = ☐
   66 + ☐ = 70
   89 + ☐ = 90

d) 26 + 4 = ☐
   30 − 4 = ☐
   ☐ + 4 = 100
   100 − 4 = ☐

e) ☐ + 48 = 48
   ☐ − 6 = 52
   ☐ − 3 = 97
   56 = ☐ − 4

5 Immer zwei Flieger haben dieselbe Ergebniszahl.

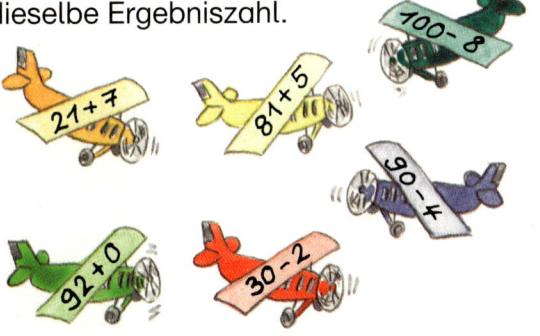

21+7, 100−8, 81+5, 90−4, 92+0, 30−2

6 Ein Flieger hat Rechenrätsel abgeworfen. Kannst du die Rätsel lösen und die fehlenden Zahlen ergänzen?

4	2	6
5	2	7
9	4	13

	2	8
8		11
14	5	

	5	9
6	5	

7 Die Klassen 2a und 2b basteln Fluggeräte. Suche zuerst die Fragen, dann rechne.

a) Die Klasse 2a hat 26 Kinder. Davon basteln 20 Kinder Flieger, die restlichen basteln Fallschirme.

b) In der Klasse 2b basteln 7 Kinder Flieger, doppelt so viele basteln Fallschirme.

c) Erfinde auch du Bastelgeschichten.

8 Suche die Regel und setze ein.

a) 21, 24, 27, ☐, ☐
b) ☐, ☐, 28, 30, 32
c) 32, 36, 40, ☐, ☐
d) 50, 45, 40, ☐, ☐

9 Was wurde hier falsch gemacht?

a) 57 + 3 = 50
   62 + 8 = 60

b) 40 − 2 = 48
   30 − 4 = 36

① Ordne nach dem Wert.

② Wie viel Geld wurde gespart?

Steffi • Petra • Bernd • Lu • Frau Herm

1 Euro sind 100 Cent
1 € = 100 ct

③ Wie viel Geld haben die Kinder, …

	50	10	5	2	1
Udo	I	I	I	—	—
Marco	I	—	II	II	—
Tina	I	III	—	—	II

Udo: 50 ct + 10 ct + 5 ct = ☐ ct

… wie viel die Erwachsenen?

	20	10	5	2	1
Fr. Hofer	I	I	II	—	—
Fr. Wüst	I	—	I	I	—
Hr. Matt	II	I	—	—	III

④ Lege mit deinem Rechengeld. Suche mehrere Möglichkeiten.

| 64 ct | 52 ct | 96 ct | 48 ct | 75 ct |
| 27 ct | 38 ct | 54 ct | 95 ct | 82 ct |

⑤ a) Luisa hat schon 7 Zehner und 5 Cent gespart. Sie möchte gerne 1 Euro haben. Wie viel muss sie noch sparen?

b) Frau Hensel hat in ihrem Geldbeutel drei Scheine. Insgesamt sind es 50 Euro.

1 Lu tauscht sein Geld in möglichst wenig Münzen um.

Hat Luisa richtig getauscht?

Prüfe nach.

2 
a) Wie viel Geld haben die Kinder?
b) Lege mit Rechengeld und tausche in möglichst wenig Münzen.
c) Wer hat das meiste Geld, wer das wenigste?

3 Lege mit möglichst wenig Münzen und Scheinen.

| 17 ct | 65 ct | 70 ct | 8 € | 12 € | 17 € |

Schreibe: 17 ct = 10 ct + 5 ct + 2 ct

4 a) Lege mit 2 Münzen.

| 12 ct | 52 ct | 60 ct | 1 € | 3 € | 2 € |

b) Lege mit 3 Münzen oder Scheinen.

| 16 ct | 57 ct | 70 ct | 7 € | 12 € | 2 € |

c) Lege zuerst mit 3, dann mit 4 Scheinen oder Münzen.

| 20 € | 26 € | 40 € | 52 € | 65 € | 71 € |

d) Mit welchen Münzen oder Scheinen kannst du 100 Euro legen?

5 Welche Münze liegt jeweils noch im Sparschwein? Lege sie auf das Schwein.

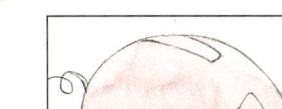

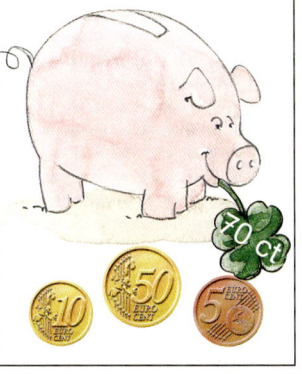

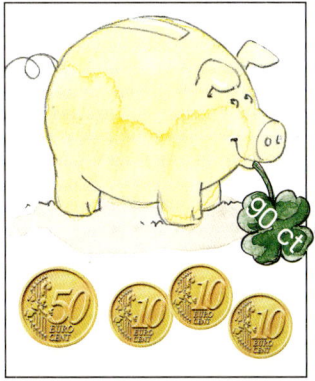

70 ct   90 ct   65 ct   80 ct

Geldbeträge notieren – Sachaufgaben

1 Hans leert sein Sparschwein.

Er ordnet sein Geld nach Euro und Cent.

Er notiert in der Tabelle:

🪙	🪙10	🪙
3	5	2

Es sind 3 Euro und 52 Cent.

2 Lege mit deinem Rechengeld und ordne nach Euro und Cent. Zeichne die Tabelle ab und trage jeweils die Anzahl der Münzen ein.

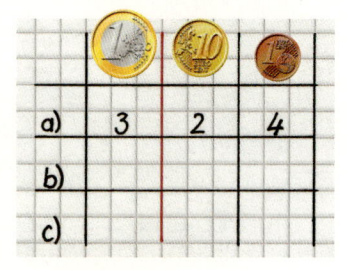

	🪙	🪙10	🪙
a)	3	2	4
b)			
c)			

a) b)  c)  d)  e)

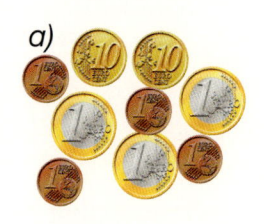

3 a) Lege die Geldbeträge mit deinem Rechengeld. Lass deinen Partner anschließend nachzählen.

Heike
🪙	🪙10	🪙
2	5	3

Ingolf
🪙	🪙10	🪙
2	2	5

Bernd
🪙	🪙10	🪙
2	3	5

Susan
🪙	🪙10	🪙
3	0	4

Claudia
🪙	🪙10	🪙
5	2	0

Matthias
🪙	🪙10	🪙
0	9	1

b) Ordne die Beträge nach ihrem Wert.
c) Ingolf tauscht sein Geld in 5 Münzen um. Welche könnten das sein?

4

5 Euro und 20 Cent    5 Euro und 42 Cent    3 Euro und 36 Cent

Da stimmt doch was nicht!

5 Was kaufen die Kinder?
a) Ines bezahlt mit 2 Euro, 5 Zehnern und 9 Cent.
b) Jens hat 9 Zehner und 5 Euro in seinem Geldbeutel.
c) Gabi kann 6 Euro, 5 Cent und 9 Zehner ausgeben.
d) Michael bezahlt weniger als 1 Euro.

1 € 5 ct   6 € 95 ct   2 € 59 ct   95 ct   5 € 90 ct

6
a) 65 ct + 5 ct = ▨
   93 ct + 7 ct = ▨
   52 ct + 7 ct = ▨

b) 36 ct + ▨ = 39 ct
   73 ct + ▨ = 80 ct
   17 ct + ▨ = 20 ct

c) 60 ct − ▨ = 59 ct
   90 ct − ▨ = 84 ct
   50 ct − ▨ = 41 ct

d) 10 ct − ▨ = 5 ct
   20 ct − ▨ = 17 ct
   80 ct − ▨ = 72 ct

Umkehraufgaben als Lösungshilfe

1 Lu hüpft zur Zahl hin, Luisa von der Zahl weg. Erzähle.

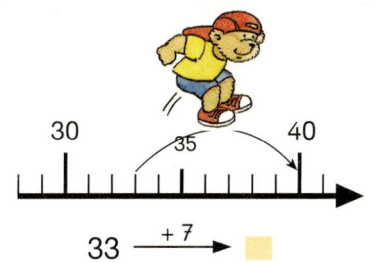

33 →+7→ 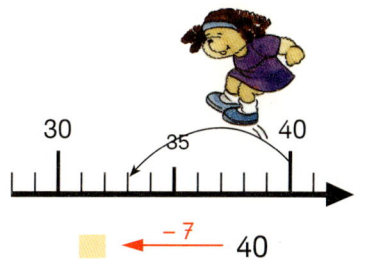 ☐   ☐ ←−7— 40

2 Diese Aufgaben heißen Umkehraufgaben. Kannst du erklären, warum sie so heißen?

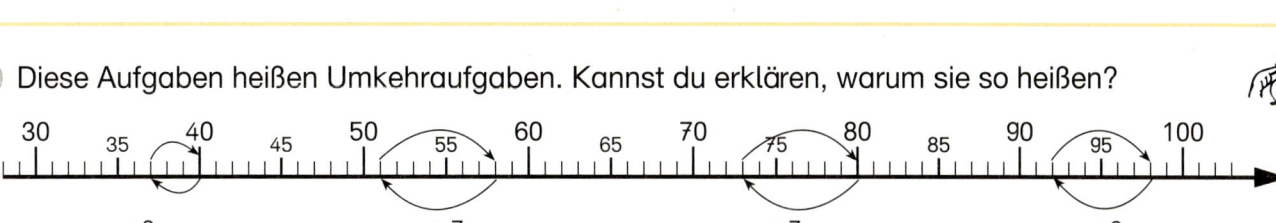

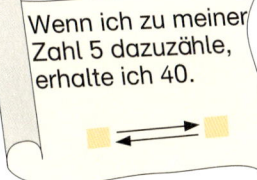

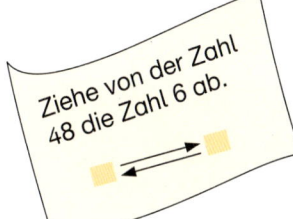

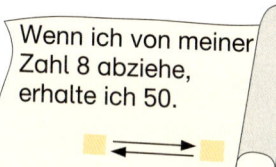

37 ⇄ (+3/−3) ☐   51 ⇄ (+7/−7) ☐   ☐ ⇄ (+7/−7) 80   ☐ ⇄ (+6/−6) 98

3
a) 83 ⇄ (+2/−2) ☐   b) 25 ⇄ (+4/−4) ☐
71 ⇄ (+5/−5) ☐   85 ⇄ (+4/−4) ☐

c) ☐ ⇄ (+6/−6) 7   d) ☐ ⇄ (+3/−3) 40
☐ ⇄ (+6/−6) 37   ☐ ⇄ (+5/−5) 99

4
a) ☐ ⇄ (−3/+3) 5   b) ☐ ⇄ (−8/+8) 32
☐ ⇄ (−3/+3) 25   ☐ ⇄ (−6/+6) 72

c) 27 ⇄ (−5/+5) ☐   d) 54 ⇄ (−4/+4) ☐
67 ⇄ (−5/+5) ☐   92 ⇄ (−0/+0) ☐

5 Rätselecke

- Wenn ich zu meiner Zahl 5 dazuzähle, erhalte ich 40.
- Zähle zur Zahl 26 die Zahl 4 dazu.
- Ziehe von der Zahl 48 die Zahl 6 ab.
- Wenn ich von meiner Zahl 8 abziehe, erhalte ich 50.

6

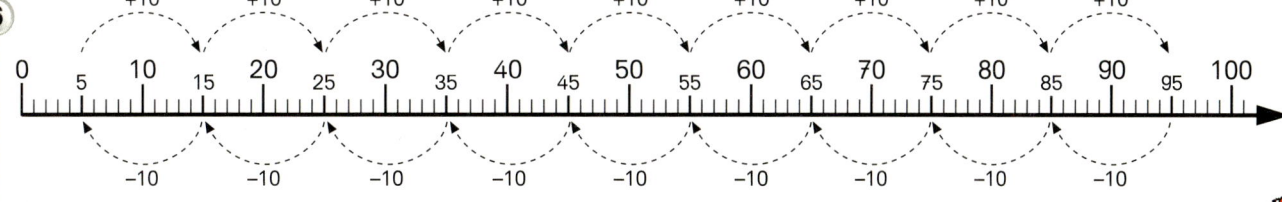

a) Bilde Aufgabenreihen.

5 + 10 = 15   95 − 10 = 85
15 + 10 = 25   85 − 10 = 75
bis   bis
85 + 10 = 95   15 − 10 = 5

b) Lies am Zahlenstrahl ab.

☐ ⇄ (+10/−10) 26   ☐ ⇄ (+20/−20) 73   ☐ ⇄ (−20/+20) 66
☐ ⇄ (+10/−10) 49   ☐ ⇄ (+20/−20) 92   ☐ ⇄ (−20/+20) 58

35

Geometrische Grundformen erkennen

1 Erzähle.
Welche Formen erkennst du im Bild?

2 Vater sagt: „Schneidet den Lebkuchen nun in viereckige Stücke!"
Jutta: „Meine Stücke sind rechteckig." Wolfgang: „Meine Stücke sind quadratisch."

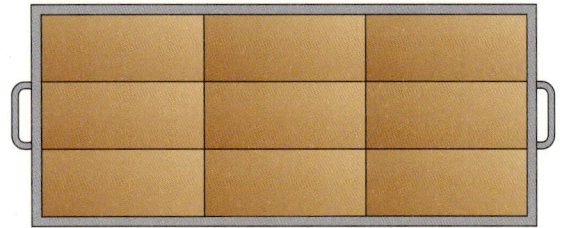

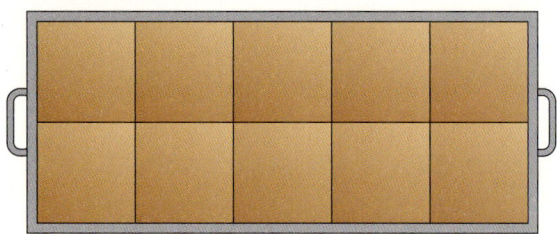

3 a) Suche quadratische und rechteckige Flächen im Bild der Aufgabe 1.

b) Findest du auch in eurer Küche zu Hause quadratische und rechteckige Flächen?

4 Jutta und Wolfgang haben Teller mit Gebäck gerichtet. Erzähle.

Nenne jeweils die Anzahl der rechteckigen Stücke und der quadratischen Stücke.

5 Welche Formen siehst du an diesen Gegenständen?

Mit Flächenformen kreativ gestalten

1 Wolfgang und Jutta wollen Lebkuchen verschenken. Nun brauchen sie noch Geschenkpapier. Auf eine Rolle Packpapier zeichnen und drucken sie schöne Figuren und Muster.

2 Jutta zeichnet mit Hilfe dieser Gegenstände Figuren:

Erfinde selbst weitere Figuren.

3 Wolfgang probiert mit seiner Schablone Muster und Figuren aus.

a) Zeichne ein Muster oder eine Figur von Wolfgang ab.
b) Denke dir weitere Muster aus.

4 Jutta druckt mit dem Kartoffelstempel Muster.

a) Stelle wie Jutta Stempel her. Drucke die Muster nach und setze sie fort.
b) Denke dir weitere Muster und Figuren aus und drucke sie.

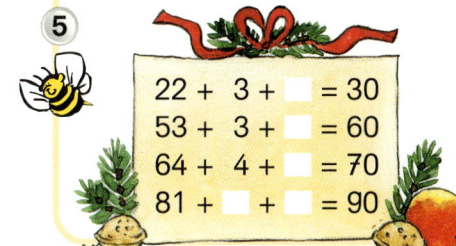

5

22 + 3 + ☐ = 30	18 + 2 + ☐ = 24	32 − 2 − ☐ = 27
53 + 3 + ☐ = 60	46 + 4 + ☐ = 53	74 − 4 − ☐ = 65
64 + 4 + ☐ = 70	57 + ☐ + 2 = 62	91 − 1 − ☐ = 85
81 + ☐ + ☐ = 90	16 + ☐ + ☐ = 21	23 − ☐ − ☐ = 18

37

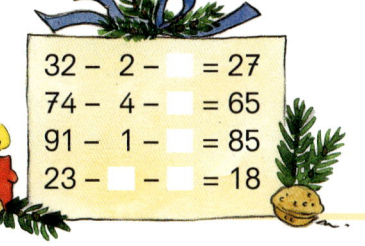

Addition und Subtraktion mit Zehnerübergang

1
a) Die Kinder besuchen am Vormittag das Theater.
▨ Plätze sind bereits besetzt.
▨ Kinder kommen noch dazu.
F: Wie viele Kinder sind nun im Theater? Suche einen Rechenweg.
R: ▨
A: Nun sind ▨ Kinder im Theater.

b) Am Nachmittag besuchen andere Kinder das Theater. Denke dir eine Rechengeschichte dazu aus und schreibe sie auf.

2 Erkläre die Rechenwege der Kinder.

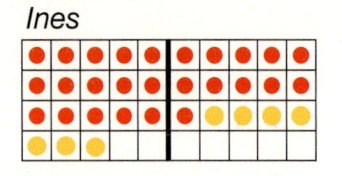

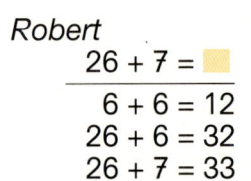

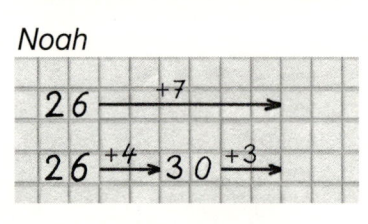

Emmi
26 + 7 = ▨
6 + 7 = 13
20 + 10 + 3 = 33

Ines

Robert
26 + 7 = ▨
6 + 6 = 12
26 + 6 = 32
26 + 7 = 33

Noah
26 —+7→
26 —+4→ 30 —+3→

3 Lege die Aufgaben im 100er-Haus und schreibe die Rechnungen ins Heft.

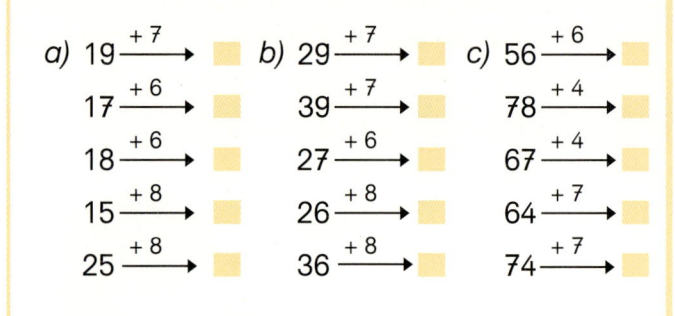

a) 19 —+7→ ▨
17 —+6→ ▨
18 —+6→ ▨
15 —+8→ ▨
25 —+8→ ▨

b) 29 —+7→ ▨
39 —+7→ ▨
27 —+6→ ▨
26 —+8→ ▨
36 —+8→ ▨

c) 56 —+6→ ▨
78 —+4→ ▨
67 —+4→ ▨
64 —+7→ ▨
74 —+7→ ▨

4 Mit den Helferaufgaben geht es leicht.

a) 86 + 6 = ▨
🔧 6 + 6 = ▨

b) 35 + 6 = ▨
🔧 5 + 6 = ▨

c) 57 + 7 = ▨
🔧 7 + 7 = ▨

d) 77 + 8 = ▨
🔧 7 + 8 = ▨

5 Im Theater sitzen 32 Kinder.
In der Pause gehen 5 Kinder hinaus.
Wie viele bleiben sitzen?
Jannik legt, zeichnet und schreibt auf.

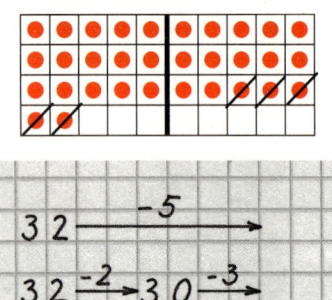

32 —−5→
32 —−2→ 30 —−3→

A: Es bleiben ▨ Kinder sitzen.

6 Lege, zeichne und rechne.

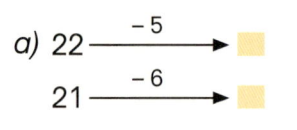

a) 22 —−5→ ▨
21 —−6→ ▨

b) 34 —−6→ ▨
43 —−5→ ▨

c) 86 —−8→ ▨
48 —−9→ ▨

d) 95 —−7→ ▨
33 —−4→ ▨

e) 51 —−7→ ▨
66 —−8→ ▨

f) ▨ —−4→ 17
▨ —−5→ 76

7
a) 32 − 2 − 4 = ▨
24 − 4 − 1 = ▨
43 − 3 − 4 = ▨

b) 88 − 8 − ▨ = 79
75 − 5 − ▨ = 68
91 − 1 − ▨ = 85

c) 40 + 20 + 4 = ▨
60 + 30 + 2 = ▨
70 + 10 + 8 = ▨

d) 50 − 40 − 2 = ▨
60 − 30 − 4 = ▨
80 − 50 − 2 = ▨

Ergänzen beim Zehnerübergang

1 Die Kinder der Klasse 2a spielen auch Theater. 17 Eltern sitzen schon da.
Die Vorstellung beginnt, wenn alle Plätze mit Nummern besetzt sind.

F: Wie viele Eltern fehlen noch? Erkläre den Rechenweg.

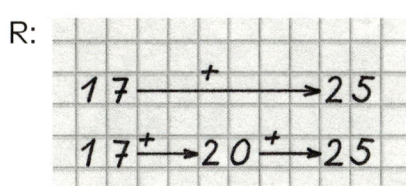

R: 17 —+→ 25
17 —+→ 20 —+→ 25

A: ☐ Eltern fehlen noch.

2 Die Zeichnungen helfen dir beim Rechnen.

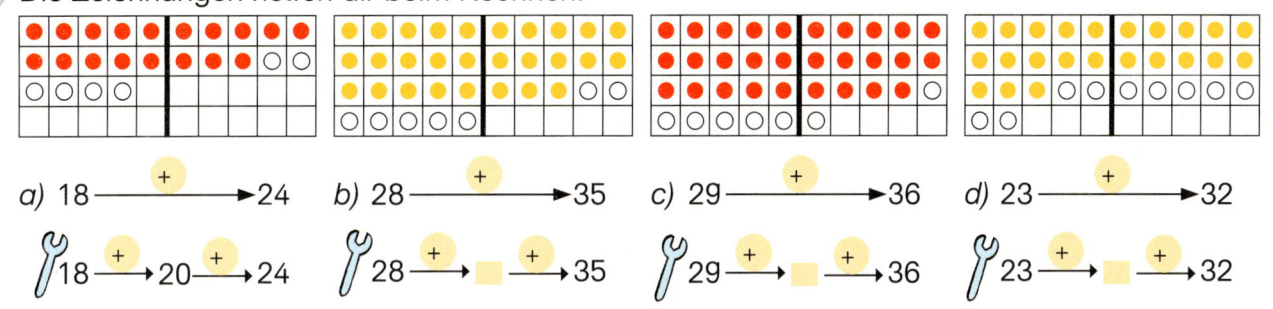

a) 18 —+→ 24
   18 —+→ 20 —+→ 24

b) 28 —+→ 35
   28 —+→ ☐ —+→ 35

c) 29 —+→ 36
   29 —+→ ☐ —+→ 36

d) 23 —+→ 32
   23 —+→ ☐ —+→ 32

3 Wenn du Hilfe brauchst, lege oder zeichne.

a) 17 —+→ 23
   17 —+→ 24
   57 —+→ 64
   68 —+→ 75

b) 23 —+→ 31
   42 —+→ 51
   88 —+→ 94
   75 —+→ 83

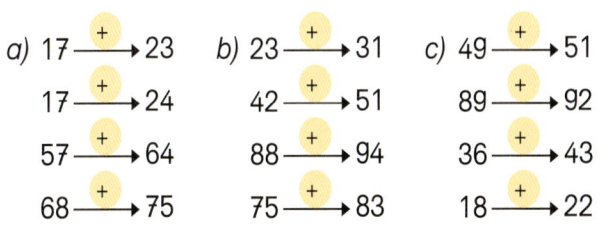

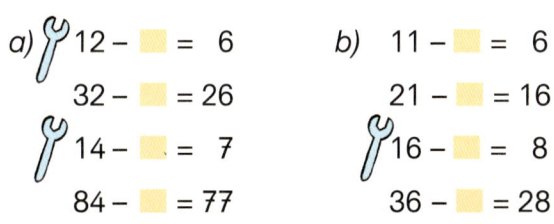

c) 49 —+→ 51
   89 —+→ 92
   36 —+→ 43
   18 —+→ 22

4 Mit den Helferaufgaben geht es leicht.

a) 12 − ☐ = 6
   32 − ☐ = 26
   14 − ☐ = 7
   84 − ☐ = 77

b) 11 − ☐ = 6
   21 − ☐ = 16
   16 − ☐ = 8
   36 − ☐ = 28

5 Für den Theatertag bestellten die Eltern 24 Flaschen Saft, 17 davon blieben übrig.

Wie viele Flaschen wurden verkauft?

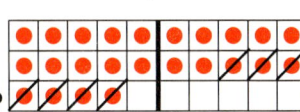

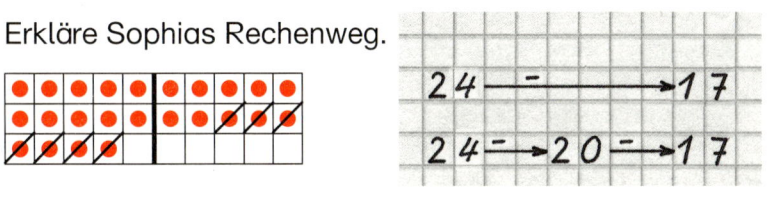

Erkläre Sophias Rechenweg.

24 —−→ 17
24 —−→ 20 —−→ 17

6 Die Zeichnungen helfen dir beim Rechnen.

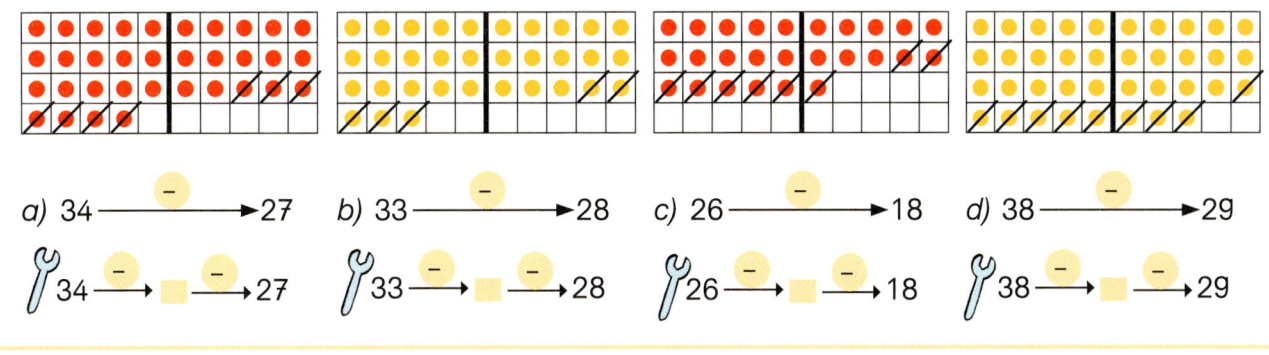

a) 34 —−→ 27
   34 —−→ ☐ —−→ 27

b) 33 —−→ 28
   33 —−→ ☐ —−→ 28

c) 26 —−→ 18
   26 —−→ ☐ —−→ 18

d) 38 —−→ 29
   38 —−→ ☐ —−→ 29

7
a) 24 —−→ 16
   26 —−→ 19

b) 42 —−→ 36
   45 —−→ 39

c) 63 —−→ 58
   72 —−→ 64

d) 93 —−→ 85
   44 —−→ 37

Zehnerübergang – Gleichungsform

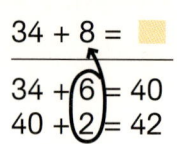

1 Wie viele Kinder kommen noch ins Theater?

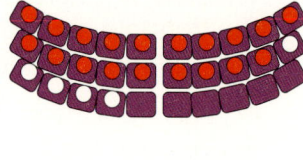

8 + ☐ = 15
8 + ②= 10
10 +⑤= 15

19 + ☐ = 24
19 +○= 20
20 +○= 24

2 Lege und rechne.

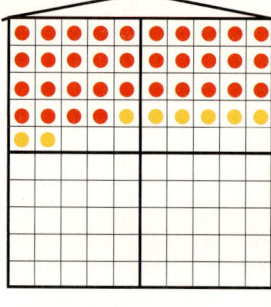

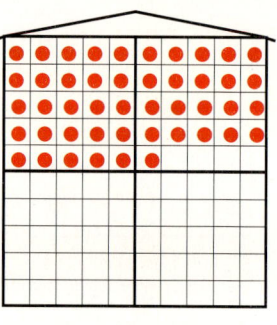

34 + 8 = ☐
34 +⑥= 40
40 +②= 42

46 + 7 = ☐
☐ +○= ☐
☐ +○= ☐

3 a) 8 + ☐ = 16
68 + ☐ = 76
36 + ☐ = 43
76 + ☐ = 83

b) 19 + ☐ = 25
89 + ☐ = 95
53 + ☐ = 61
42 + ☐ = 51

c) 46 + 5 = ☐
36 + 7 = ☐
28 + 5 = ☐
58 + 6 = ☐

d) 56 + 7 = ☐
75 + 9 = ☐
29 + 5 = ☐
25 + 9 = ☐

4 Die Kinder legen zuerst ins 100er-Haus. Danach zeichnen sie und schreiben auf. Erkläre und übertrage die Rechnungen ins Heft.

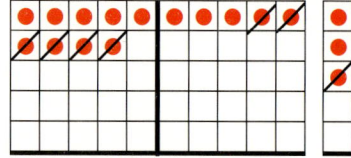

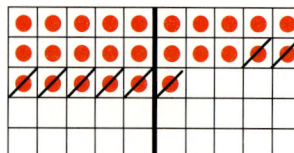

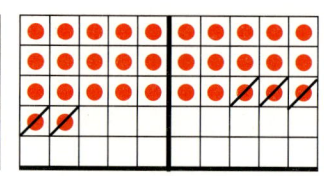

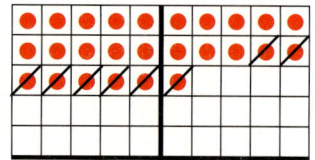

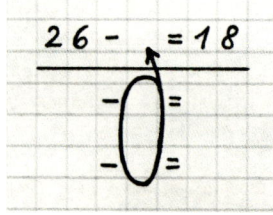

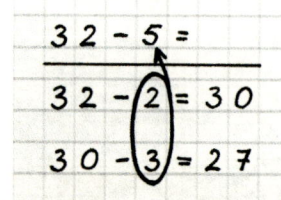

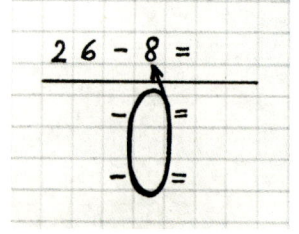

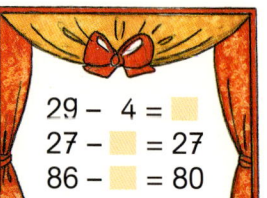

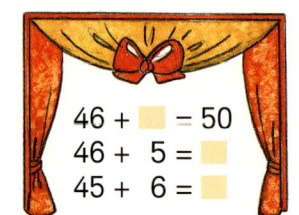

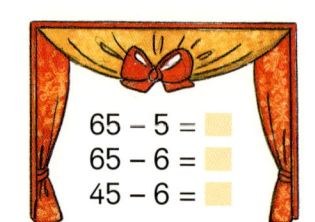

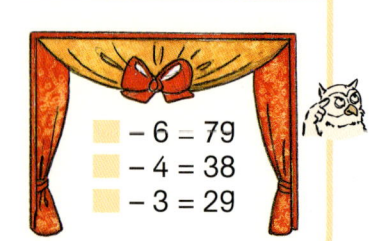

14 − ☐ = 8
14 −④= 10
10 −②= 8

26 − ☐ = 18
−○=
−○=

32 − 5 =
32 −②= 30
30 −③= 27

26 − 8 =
−○=
−○=

5 a) 14 − ☐ = 9
74 − ☐ = 69
61 − ☐ = 57
47 − ☐ = 39

b) 22 − ☐ = 15
92 − ☐ = 85
43 − ☐ = 38
83 − ☐ = 78

c) 23 − 4 = ☐
93 − 4 = ☐
25 − 7 = ☐
95 − 7 = ☐

d) 81 − 2 = ☐
74 − 5 = ☐
28 − 9 = ☐
37 − 8 = ☐

6 a) 17 + 2 = ☐
17 + 3 = ☐
17 + 4 = ☐

b) 54 + 5 = ☐
54 + 6 = ☐
54 + 7 = ☐

7 a) 64 − 3 = ☐
64 − 4 = ☐
64 − 5 = ☐

b) 97 − 6 = ☐
97 − 7 = ☐
97 − 8 = ☐

8 
29 − 4 = ☐
27 − ☐ = 27
86 − ☐ = 80

46 + ☐ = 50
46 + 5 = ☐
45 + 6 = ☐

65 − 5 = ☐
65 − 6 = ☐
45 − 6 = ☐

☐ − 6 = 79
☐ − 4 = 38
☐ − 3 = 29

Lernen an Stationen: Wiederholung von Addition und Subtraktion

Station 1

Welches Säckchen dürfen sich die Kinder jeweils nehmen?   Silke: 3 + 6 = ▢

- Silke: 3 + 6
- Birgit: 12 + 4
- Jens: 20 − 2
- Ralf: 30 − 9
- Jan: 30 − 8
- Boris: 21 + 3
- Margit: 15 − 3
- Uli: 12 − 6
- Ute: 12 + 7

Station 2

Auf welche Nüsse freuen sich die Nussknacker?

65: 61+4, 68−2, 62+4, 66, 69−6, 61+5, 69−3, 68−3, 70−5, 62+3, 70−4, 70−6, 69−4

```
 6 5
6 1 + 4
```

Station 3

Nikolaus bringt Knobelsäckchen. Schreibe die Lösungen ins Heft.

Sack 1: 37, 32, 31, 35, 5, 4
Sack 2: 45, 47, 4, 41, 49, 6

▢ + ▢ = ▢

Station 4

Nikolaus liefert diese Päckchen hier ab. Ergänze.

57 −, 52 +, + 3, + 1, − 6, − 5   →   54

54 = 57 − ▢

Station 5

In jeden Sack gehören 3 Päckchen. Fülle die Säcke so, dass die Rechnungen stimmen.

Sack 38: 5, 3, 4, 1, 31
Sack 39: 33, 39

▢ + ▢ + ▢ = 38   ▢ + ▢ + ▢ = 39

Station 6

Wer knackt die Nüsse?

- 46, 5, 50, 4:   ▢ + ▢ =
- 54, 60, 55, 5:   ▢ − ▢ =
- 60, 6, 30, 54:
- 40, 4, 40, 0

Addition und Subtraktion mit Zehner- und Zehner-Einer-Zahlen

1 a) Kinder haben die Ringe in der Turnhalle aufgeräumt. Wie viele Ringe sind es zusammen?

Suche einen Lösungsweg.

2 a) Wie viele Ringe sind es hier zusammen?

Suche auch hier einen Lösungsweg.

Kevin hat die Aufgabe $40 + 23 = $ ☐ mit Stäben gelegt.
Er hat auch gezeichnet und gerechnet.

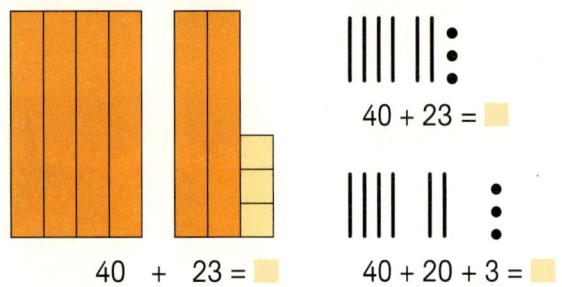

$40 + 23 = $ ☐

$40 + 23 = $ ☐ $40 + 20 + 3 = $ ☐

b) Lege, zeichne und rechne.

$40 + 21 = $ ☐ $20 + 34 = $ ☐
$30 + 14 = $ ☐ $30 + 24 = $ ☐

Vivian hat die Aufgabe $24 + 30 = $ ☐ auch mit Stäben gelegt.
Sie hat gezeichnet und gerechnet.

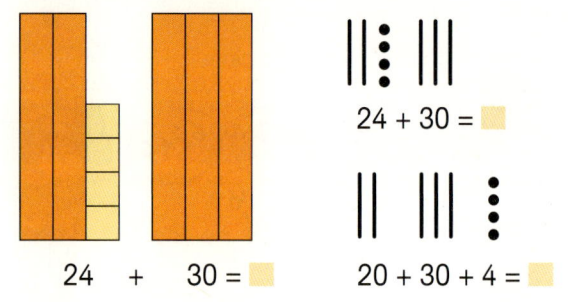

$24 + 30 = $ ☐

$24 + 30 = $ ☐ $20 + 30 + 4 = $ ☐

b) Lege, zeichne und rechne.

$23 + 10 = $ ☐ $12 + 20 = $ ☐
$23 + 20 = $ ☐ $22 + 10 = $ ☐

3 a) $30 + 31 = $ ☐   b) $40 + 52 = $ ☐
   $50 + 11 = $ ☐ $30 + 47 = $ ☐
c) $17 + 20 = $ ☐   d) $87 + 10 = $ ☐
   $38 + 30 = $ ☐ $45 + 40 = $ ☐

4 Wie ist der Fehler entstanden? Erkläre.

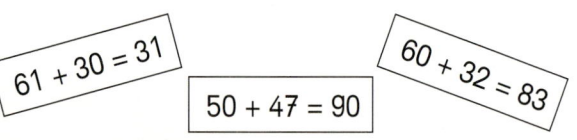

$61 + 30 = 31$ $60 + 32 = 83$
$50 + 47 = 90$

5 Die Klasse 2c nimmt von den 54 Ringen 30 Ringe weg.
Wie viele bleiben übrig?
Tabea legt, zeichnet und rechnet. $54 - 30 = $ ☐

Lege, zeichne und rechne wie Tabea.

a) $35 - 20 = $ ☐   b) $67 - 40 = $ ☐   c) $28 - 10 = $ ☐
   $46 - 20 = $ ☐ $49 - 30 = $ ☐ $34 - 30 = $ ☐
   $53 - 30 = $ ☐ $52 - 20 = $ ☐ $41 - 30 = $ ☐
   $61 - 10 = $ ☐ $33 - 10 = $ ☐ $28 - 20 = $ ☐

6 a) $29 - 10 = $ ☐   b) $55 - 40 = $ ☐
   $32 - 30 = $ ☐ $61 - 30 = $ ☐
c) $40 - 20 = $ ☐   d) $30 - 30 = $ ☐
   $47 - 20 = $ ☐ $38 - 30 = $ ☐

7 Warum stimmen diese Ergebnisse nicht?

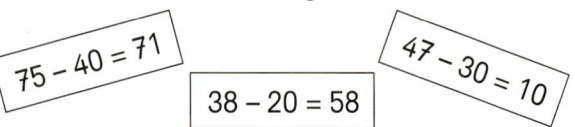

$75 - 40 = 71$ $47 - 30 = 10$
$38 - 20 = 58$

8 Schreibe zu jedem Ergebnis drei passende Aufgaben.

64   32   86   51

9 a) $50 + $ ☐ $= 70$ b) $20 + $ ☐ $= 56$
   $50 + $ ☐ $= 72$ $70 + $ ☐ $= 96$
   $40 + $ ☐ $= 90$ $18 + $ ☐ $= 58$
   $40 + $ ☐ $= 99$ $61 + $ ☐ $= 91$
c) ☐ $- 50 = 40$ d) ☐ $- 20 = 70$
   ☐ $- 50 = 48$ ☐ $- 20 = 79$

Sachaufgaben: Auf volle Geldbeträge herausgeben

1 Anne kauft eine Birne. Sie bezahlt mit 50 Cent. Wie viel erhält sie zurück?

Eine Birne, bitte!

kauft	bezahlt mit	erhält zurück
35 ct	50 ct	

Lege das Rückgeld.

Jogurt 35 ct · Kiwi 18 ct · Brötchen 25 ct · Apfel 30 ct · Brezel 45 ct · Birne 35 ct

2 Lege zu jeder Aufgabe das Rückgeld. Lass deinen Partner nachrechnen.

kauft	bezahlt mit	erhält zurück
Paul 30 ct	50 ct	
Claudia 25 ct		
Lisa 18 ct		

kauft	bezahlt mit	erhält zurück
Julia 45 ct	1 €	
Marcel 35 ct		
Kevin 25 ct		

3
```
26 ct +    ct = 50 ct
26 ct +  4 ct = 30 ct
30 ct + 20 ct = 50 ct
```

Lege den fehlenden Betrag mit Rechengeld.

23 ct + ☐ = 50 ct   48 ct + ☐ = 100 ct
17 ct + ☐ = 50 ct   64 ct + ☐ = 100 ct
42 ct + ☐ = 60 ct   71 ct + ☐ = 100 ct

4 Erzähle Rechengeschichten. Lege die Ergebnisse mit Rechengeld.

	kauft	bezahlt mit	erhält zurück
Eva	Schokolade 65 ct	50 ct + 50 ct	
Timo	Kekse 88 ct	1 €	

	kauft	bezahlt mit	erhält zurück
Nora	Kirschsaft 1 € 20 ct		10 ct + 20 ct
Robin	Müsli 1 € 35 ct		5 ct + 10 ct

5 a) Lena kauft eine Flasche Apfelsaft für 75 Cent. Sie bezahlt mit 1 Euro. Wie viel erhält sie zurück?

b) Marc kauft eine Tüte Birnen. Er bezahlt mit 2 Euro und erhält 30 Cent zurück. Wie viel kosteten die Birnen?

6
24 + ☐ = 60   32 + ☐ = 60   26 + ☐ = 50
24 + ☐ = 30   45 + ☐ = 90   35 + ☐ = 70
30 + ☐ = 60   25 + ☐ = 80   15 + ☐ = 30

7
70 − 6 = ☐   50 − 8 = ☐   60 − ☐ = 51
70 − 7 = ☐   30 − 9 = ☐   60 − ☐ = 52
70 − 70 = ☐   58 − 0 = ☐   59 − ☐ = 52

8
40 + 23 = ☐   36 − 20 = ☐   96 − ☐ = 90
43 + 20 = ☐   86 − 20 = ☐   96 − 7 = ☐
53 + 20 = ☐   86 − 0 = ☐   96 − ☐ = 88

9
6 + 6 = ☐   57 − ☐ = 50   ☐ − 4 = 28
76 + 6 = ☐   57 − 8 = ☐   ☐ + 4 = 73
76 + 8 = ☐   47 − 8 = ☐   ☐ − 6 = 37

43

Sachaufgaben, Situationsskizzen als Lösungshilfe

1 Beim Bastelkurs. Erzähle.

a) Wie viele Kinder sind im Bastelkurs?
b) Wie viele Sitzplätze gibt es insgesamt?
c) Wie viele Kinder hätten noch Platz?
d) Welche Rechnungen passen zum Bild?

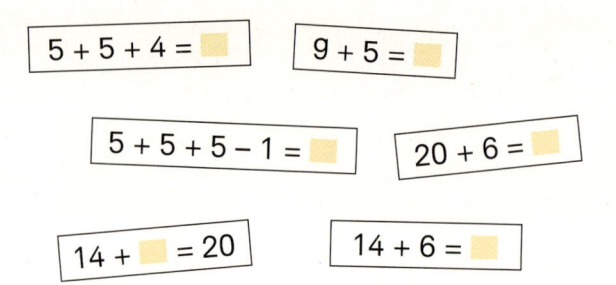

5 + 5 + 4 = ☐	9 + 5 = ☐
5 + 5 + 5 − 1 = ☐	20 + 6 = ☐
14 + ☐ = 20	14 + 6 = ☐

2 An einem anderen Bastelkurs nehmen 18 Kinder teil. Sie sitzen an 4 Tischen. An 3 Tischen sitzen jeweils 5 Kinder. Wie viele Kinder sitzen am 4. Tisch? Die Skizze hilft dir beim Lösen.

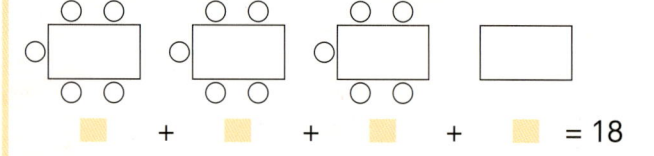

☐ + ☐ + ☐ + ☐ = 18

Am 4. Tisch sitzen ☐ Kinder.

3 Frau Michel hat 14 Kinder zum Basteln eingeladen. Sie setzen sich an 5 Tische. An 4 Tischen sitzen jeweils 3 Kinder. Wie viele Kinder sitzen am 5. Tisch? Löse mit einer Skizze.

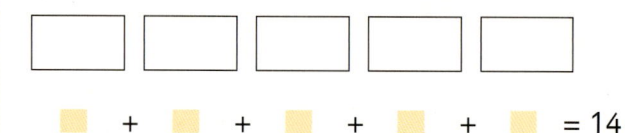

☐ + ☐ + ☐ + ☐ + ☐ = 14

Am 5. Tisch sitzen ☐ Kinder.

4 Erzähle zu den Skizzen Rechengeschichten. Zeichne und rechne.

☐ + ☐ + ☐ = 15

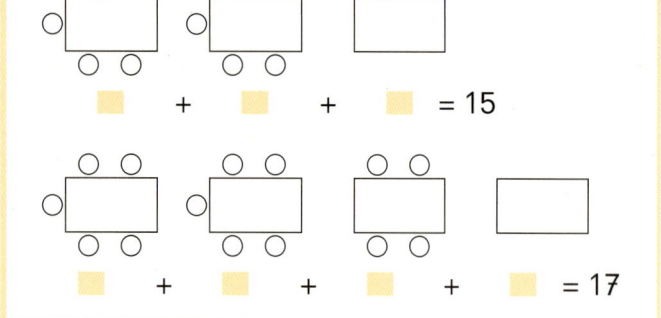

☐ + ☐ + ☐ + ☐ = 17

5 Hier gibt es verschiedene Lösungen. Lege zuerst mit deinen Klötzchen.

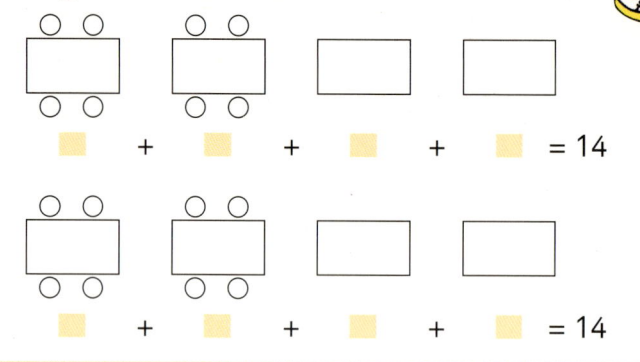

☐ + ☐ + ☐ + ☐ = 14

☐ + ☐ + ☐ + ☐ = 14

6 Zeichne zu den Aufgaben Rechengeschichten und erzähle.

5 + 5 + ☐ = 13
5 + 5 + 4 = ☐
5 + 4 + ☐ + ☐ = 14
4 + 4 + ☐ = 12

7 An einem Malkurs nehmen 22 Kinder teil. Für 5 Kinder wäre noch Platz. Wie viele Sitzplätze gibt es insgesamt?

8 a) 36 + 4 + 2 = ☐
36 + 6 = ☐
48 + 2 + 5 = ☐
48 + 7 = ☐
83 + 7 + 1 = ☐
83 + 8 = ☐

b) 32 − 2 − 3 = ☐
32 − 5 = ☐
93 − 3 − 1 = ☐
93 − 4 = ☐
76 − 6 − 2 = ☐
76 − 8 = ☐

9 Suche die Regel und ergänze.

12, 14, 16, ☐, ☐   15, 20, ☐, ☐, 35
40, 44, 48, ☐, ☐   ☐, ☐, 38, 40, ☐
13, 16, 19, ☐, ☐, 26, ☐, ☐,

Rechengeld Euro und Cent © Wolf Verlag / Konkordia im Bildungsverlag EINS, Bestellnummer 5400

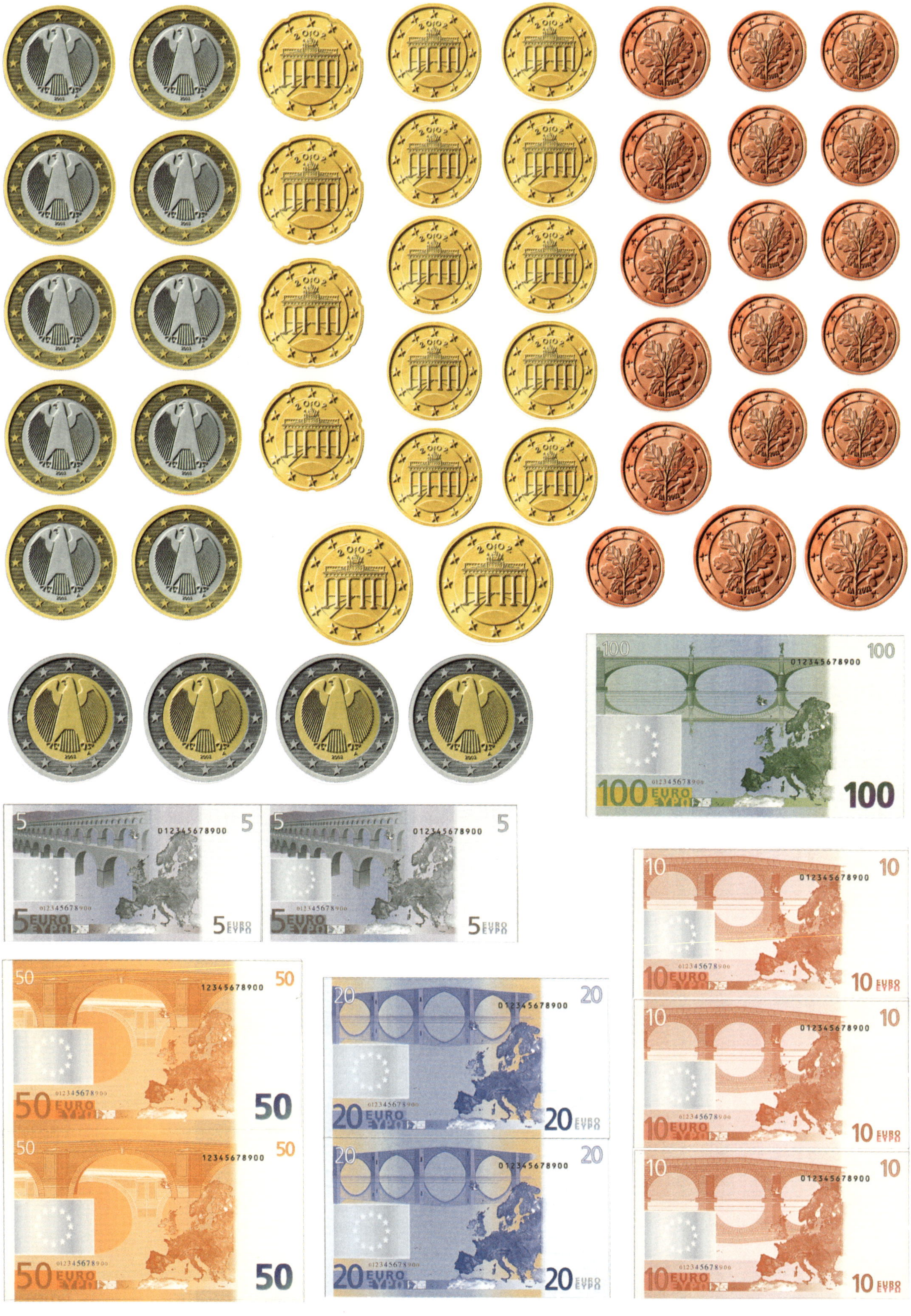
100
012345678900
100 EURO EYPΩ
5
012345678900
5 EURO EYPΩ
10
012345678900
10 EURO EYPΩ
50
12345678900
50 EURO EYPΩ
20
012345678900
20 EURO EYPΩ

Subtrahieren und Ergänzen zweistelliger Zahlen von Zehnerzahlen

1 Die Klasse 2b nimmt 26 Bälle vom Ballwagen weg. Wie viele Bälle bleiben auf dem Wagen?
Suche einen Lösungsweg.

Lege ins 100er-Haus und rechne.

2 Wie viele Bälle bleiben auf dem Wagen?

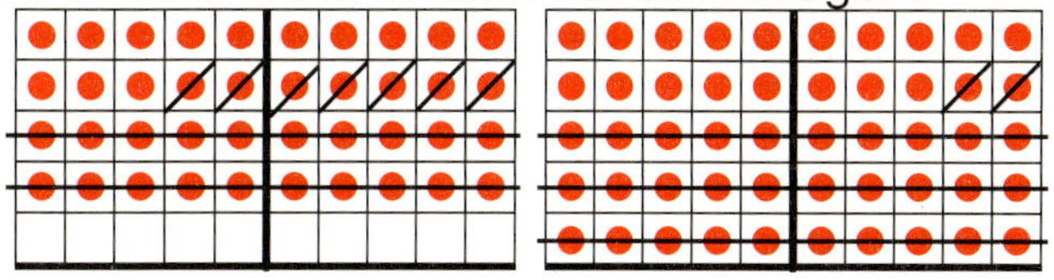

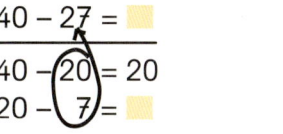

40 − 27 =
40 − 20 = 20
20 − 7 =

50 − 32 =
50 − 30 = 20
☐ − ☐ =

3 Lege mit Streifen und Plättchen und rechne.
a) 40 − 28 =   b) 50 − 25 =
   60 − 29 =   70 − 35 =
   70 − 32 =   90 − 45 =

4 50 − 31 =   90 − 45 =
   50 − 30 − 1 =   90 − 40 − 5 =
       60 − 43 =   100 − 54 =
   60 − 40 − 3 =   100 − 50 − 4 =

5 a) 90 − 56 =   b) ☐ = 100 − 18
      80 − 43 =   ☐ = 100 − 12
      80 − 47 =   ☐ = 100 − 64
      70 − 47 =   ☐ = 100 − 75

6 a) Peter zählt auf einem Ballwagen 50 Bälle. Er nimmt Bälle weg. Nun sind es nur noch 46 Bälle. Wie viele Bälle hat er weggenommen?

b) Auf einem Ballwagen waren Bälle. Ines nimmt 12 Bälle weg. Nun sind es noch 18 Bälle. Wie viele Bälle waren auf dem Wagen?

c) Karin trägt 8 Bälle im Netz, Irina trägt doppelt so viele. Wie viele tragen beide zusammen?

d) Jonas trägt 16 Bälle, Stefan trägt halb so viele. Wie viele tragen beide zusammen?

7 Wie viele Bälle wurden weggenommen?

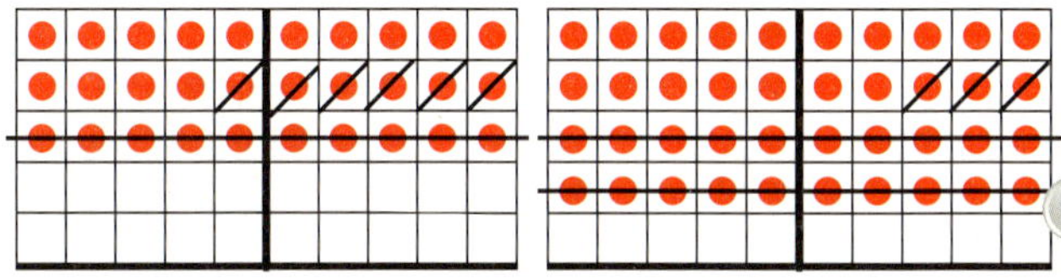

30 − ☐ = 14
30 − 10 = 20
20 − ☐ = 14

40 − ☐ = 17
40 − ☐ = 20
20 − ☐ = 17

8 Lege mit Streifen und Plättchen und rechne.
a) 40 − ☐ = 27   b) 50 − ☐ = 26
   90 − ☐ = 61   80 − ☐ = 58

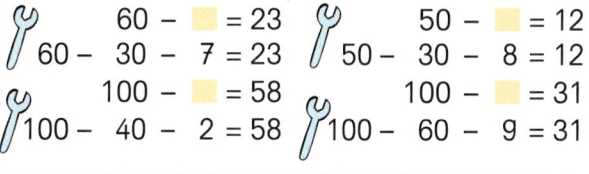

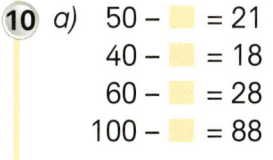

9 Mit der Helferaufgabe geht es leicht.
   60 − ☐ = 23   50 − ☐ = 12
60 − 30 − 7 = 23   50 − 30 − 8 = 12
  100 − ☐ = 58   100 − ☐ = 31
100 − 40 − 2 = 58   100 − 60 − 9 = 31

10 a) 50 − ☐ = 21   b) 70 − ☐ = 35
       40 − ☐ = 18   70 − ☐ = 34
       60 − ☐ = 28   70 − ☐ = 36
      100 − ☐ = 88   100 − ☐ = 87

11 16 + ☐ = 30   43 + 20 =
       30 − ☐ = 16   63 − 20 =
       28 + ☐ = 40   56 + 40 =
       40 − ☐ = 28   96 − 40 =

12 Findest du hier passende Aufgabenpaare?
24 + 6 =   25 + 6 =   ☐ = 32 + 8
26 + 4 =   26 + 5 =   ☐ = 38 + 2
☐ + ☐ = 50   ☐ + ☐ = 81   20 = ☐ + ☐
☐ + ☐ = 50   ☐ + ☐ = 81   20 = ☐ + ☐

13 Setze die 6 Zahlen jeweils richtig ein.

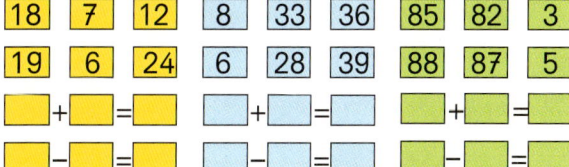

| 18 | 7 | 12 | 8 | 33 | 36 | 85 | 82 | 3 |
| 19 | 6 | 24 | 6 | 28 | 39 | 88 | 87 | 5 |

☐ + ☐ = ☐   ☐ + ☐ = ☐   ☐ + ☐ = ☐
☐ − ☐ = ☐   ☐ − ☐ = ☐   ☐ − ☐ = ☐

45

Lernen an Stationen: Wiederholung von Addition und Subtraktion

Station 1

Schreibe so:
21 + 9 = ☐

Immer 30:

4	6	10
40		9
	5	22
20	50	0
	8	30

21 + ☐
☐ + 24
30 – ☐   25 + ☐
☐ – 20
20 + ☐   22 + ☐
☐ + 26   10 + ☐
☐ – 10
☐ + 8   60 – ☐

Schreibe so:
51 – 10 = ☐

Station 2

51 – 10   62 + 30
53 – 20   20 + 46
40 + 49   65 – 20
25 + 60   50 + 48
64 + 20   30 + 47
100 – 1   94 – 40

33 41 92 85 45 84 66 77 54 89 98 99

Station 3

56 + 8 + 8
15 + 3 + 3
0 + 6 + 6
24 + 8 + 8
18 + 6 + 6
28 + 4 + 4

42 – 6 – 6
16 – 8 – 8
40 – 4 – 4
15 – 3 – 3
24 – 4 – 4
30 – 3 – 3

36 40 32 24 21 30
9 12 72 0 30 16

Station 4

Das Ergebnis einer Aufgabe ist immer der Anfang der nächsten Aufgabe.
Schreibe so:
22 + 7 = 29
29 – 6 =

49 – 5 = ☐
32 – 10 = ☐
28 + 2 = ☐
20 + 8 = ☐
30 + 9 = ☐
23 – 3 = ☐
22 + 7 = ☐
39 + 2 = ☐
29 – 6 = ☐
40 – 8 = ☐
44 – 4 = ☐
41 + 8 = ☐

33 35
32 7 36
31 38 32 35
6

☐ + 4 = 39
33 + ☐ = 40
38 – ☐ = 32
31 – ☐ =
1 + ☐ = 37
2 + ☐ = 40
☐ + 0 = 32
☐ + 8 = 40
4 + ☐ = 39
☐ – 2 = 31

Wahrnehmungsschulung, Falten und Schneiden

a) Findest du 9 Haustiere der Schneeprinzessin?
b) Betrachte die Scherben auf dem Schlitten. Was fällt dir auf?

Sachaufgaben: Wintersporttag

1 Die Linden-Grundschule veranstaltet ihren Wintersporttag.
Erzähle Rechengeschichten.

Schlitten-Rennen

	1. Fahrt	2. Fahrt	zusammen
Tim	20	10	
Rika	25	10	
Lea		20	40
Ali	10		35

2 Für folgende Sportarten haben sich die Kinder angemeldet:

	Schlitten	Bob	Schlittschuhe	Schi
Klasse 1	IIII IIII IIII II	IIII IIII I	—	—
Klasse 2	IIII I	IIII IIII	III	—
Klasse 3	I	IIII I	IIII I	IIII II
Klasse 4	—	—	IIII IIII IIII IIII IIII	

a) Wie viele Kinder haben sich jeweils für eine Sportart angemeldet?

Schlitten: 17 Kinder
Bob:

b) Wie viele Kinder sind in jeder Klasse?

Klasse 1: 21 Kinder
Klasse 2:

c) Für zwei Sportarten haben sich insgesamt 33 Kinder angemeldet. Findest du sie?

d) Rechne aus, wie viele Kinder die Linden-Grundschule insgesamt besuchen.

3 Wer stellt diese Fragen?

a) „Wie viele Punkte hatte ich bei der ersten Fahrt?"
b) „Wie viele Punkte erreichte ich insgesamt?"
c) „Wie viele Punkte erzielte ich bei der zweiten Fahrt?"

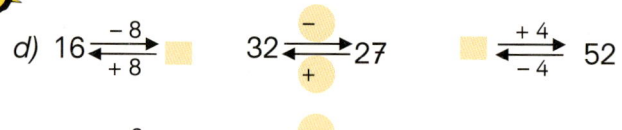

4
a) $50 - 4 = \square$
$\square + 4 = 50$
$\square + 4 = 52$

b) $6 + 6 = \square$
$12 - 6 = \square$
$12 - 7 = \square$

c) $57 + 7 = \square$
$64 - 7 = \square$
$64 - 6 = \square$

d) $16 \xrightarrow[+8]{-8} \square$ $32 \xrightarrow[+]{-} 27$ $\square \xrightarrow[-4]{+4} 52$

$76 \xrightarrow[+8]{-8} \square$ $44 \xrightarrow[+]{-} 38$ $\square \xrightarrow[-6]{+6} 100$

5 Lu hat diese Schneemauer gebaut.
Wie kannst du ganz schnell ausrechnen, wie viele Schneeklötze er verwendet hat?

Sachaufgaben und Knobelaufgaben

1 Entdecke weitere Rechengeschichten beim Wintersporttag.

Tor-Skifahren	1. Tor	2. Tor	zusammen
Leonie			
Marie			
Andi			
Toni			

2 Jedes Kind fuhr durch 2 Tore.

Leonie: „Ich bin durch das grüne und blaue Tor gefahren."

Marie: „Meine Tore waren gelb und blau."

Andi: „Ich bin zuerst durch das blaue Tor gefahren und erreichte insgesamt 60 Punkte."

Toni: „Ich erzielte 82 Punkte!"

a) Welche Fragen kannst du den Kindern stellen?

b) Zeichne die Tabelle vom Tor-Skifahren ins Heft und fülle sie aus.

c) Anna hat 2 Tore geschafft. Das erste Tor war gelb. Insgesamt hat sie 46 Punkte erreicht. Welche Farbe hatte das zweite Tor?

d) Klaus hat 56 Punkte erreicht. Sein erstes Tor war gelb. Welche Farbe hatte das zweite Tor?

e) Ursulas erstes Tor hatte halb so viele Punkte wie ihr zweites Tor. Welche Farben hatten ihre Tore?

f) Raphael erreichte 70 Punkte. Welche Farben hatten seine Tore?

3 a) Verteile die Urkunden an die Bob-Fahrer.

1. Sieger 2. Sieger 3. Sieger 4. Sieger 5. Sieger

Salim: „Ich bin zwischen Mira und Elinor ins Ziel gekommen."

Elinor: „Ich kam kurz vor Daniel ins Ziel."

Pascal: „Ich kam nach Daniel an."

b) Denke dir für deinen Partner eine Bobfahrer-Geschichte aus.

4

4 + 4 =
8 + 8 =

4 + 4 + 4 =
5 + 5 + 5 =
6 + 6 + 6 =
36 + 6 + 6 =

7 + 7 =
9 + 9 =

24 + 4 + 4 =
25 + 5 + 5 =
12 + 4 + 4 =
18 + 3 + 3 =

49

Der Kalender – eine Uhr für das Jahr

1

Weihnachten · Neujahr

Dezember · Januar · Februar · März · April · Mai · Juni · Juli · August · September · Oktober · November

Mit Lu in 12 Monaten durch das ganze Jahr

a) Erzähle.

b) In welchen Monaten kannst du …
 … ins Freibad?
 … Drachen steigen lassen?
 … Schlitten fahren?

c) Stelle auch deinem Partner und deinen Eltern Fragen.

d) Was weißt du jetzt schon über das nächste Jahr?

2 Lu und Luisa haben eine Jahreskette aufgefädelt. Für jeden Tag wählen sie eine Perle, für jeden Monat eine andere Farbe.
 a) Was fällt dir auf?
 b) Fertige auch eine Jahreskette an.
 c) Wohin gehören diese Kärtchen?

mein Geburtstag · Nikolaus · Ostern · Sommerferien · Fasnacht · Mamas Geburtstag

d) Schreibe noch andere Kärtchen und hänge sie an die Jahreskette.

3 a) Kannst du die Monatsnamen der Reihe nach aufsagen?

b) Übertrage die Tabelle in das Heft und ergänze sie.

Monat	Das gefällt mir
1. Januar	Neujahrsfeuerwerk, Schneemann bauen
2. Februar	Fasnacht …
3. März	

Kalender lesen – Datum nennen

1 Lange bevor es Uhren gab, maßen die Menschen die Zeit. Sie achteten dabei auf die Sonne, den Mond und die Natur. Sie beobachteten das Wachsen der Pflanzen und das Verhalten der Tiere. Im Winter war es still, kalt und dunkel. Deshalb war er das Jahresende.

a) Es gibt viele Arten von Kalendern. Informiere dich.
b) Macht im Klassenzimmer eine Kalenderausstellung.

2 Lu überlegt:
a) Wie finde ich die Monatsnamen im Taschenkalender?
b) Was bedeuten die Buchstaben am Rand?
c) Wozu werden die vielen Zahlen nur gebraucht?

Am 13. Juli habe ich Geburtstag. Das ist ein …

d) Hilfst du Lu und Luisa suchen? Nimm dein Lineal als Lesehilfe.

KALENDER 2005

	Januar	Februar	März
Mo	3 10 17 24 31	7 14 21 28	7 14 21 28
Di	4 11 18 25	1 8 15 22	1 8 15 22 29
Mi	5 12 19 26	2 9 16 23	2 9 16 23 30
Do	6 13 20 27	3 10 17 24	3 10 17 24 31
Fr	7 14 21 28	4 11 18 25	4 11 18 25
Sa	1 8 15 22 29	5 12 19 26	5 12 19 26
So	2 9 16 23 30	6 13 20 27	6 13 20 27
	April	Mai	Juni
Mo	4 11 18 25	2 9 16 23 30	6 13 20 27
Di	5 12 19 26	3 10 17 24 31	7 14 21 28
Mi	6 13 20 27	4 11 18 25	1 8 15 22 29
Do	7 14 21 28	5 12 19 26	2 9 16 23 30
Fr	1 8 15 22 29	6 13 20 27	3 10 17 24
Sa	2 9 16 23 30	7 14 21 28	4 11 18 25
So	3 10 17 24	1 8 15 22 29	5 12 19 26
	Juli	August	September
Mo	4 11 18 25	1 8 15 22 29	5 12 19 26
Di	5 12 19 26	2 9 16 23 30	6 13 20 27
Mi	6 13 20 27	3 10 17 24 31	7 14 21 28
Do	7 14 21 28	4 11 18 25	1 8 15 22 29
Fr	1 8 15 22 29	5 12 19 26	2 9 16 23 30
Sa	2 9 16 23 30	6 13 20 27	3 10 17 24
So	3 10 17 24 31	7 14 21 28	4 11 18 25
	Oktober	November	Dezember
Mo	3 10 17 24 31	7 14 21 28	5 12 19 26
Di	4 11 18 25	1 8 15 22 29	6 13 20 27
Mi	5 12 19 26	2 9 16 23 30	7 14 21 28
Do	6 13 20 27	3 10 17 24	1 8 15 22 29
Fr	7 14 21 28	4 11 18 25	2 9 16 23 30
Sa	1 8 15 22 29	5 12 19 26	3 10 17 24 31
So	2 9 16 23 30	6 13 20 27	4 11 18 25

e) Erzähle zu dem Taschenkalender und vergleiche mit der Jahresuhr der vorhergehenden Seite. Findest du hier auch den Erntemonat? Suche auch den Ferienmonat und …

Und ich 14 Tage später.

3 Nicht alle Monate haben gleich viele Tage.

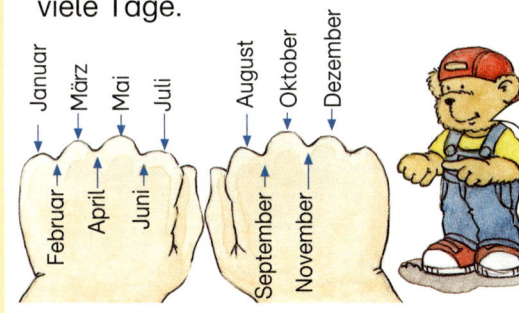

Januar, März, Mai, Juli, August, Oktober, Dezember
Februar, April, Juni, September, November

Kennst du schon die Faustregel? Frage deine Lehrerin danach!

4 Was meinst du dazu?
a) Lara hat am letzten Tag im September Geburtstag. Das ist der 31. September.
b) Hans fährt am 31. Juni nach Berlin.
c) Pedro wird am 29. Februar 8 Jahre alt.
d) Die Klasse 2c macht am 31. April einen Ausflug.
e) Am letzten Tag im Dezember ist Silvester. Das ist der 30. Dezember.

5 Ordne passende Kärtchen einander zu.

30. März 2005
27. Juli 2005
24. Dezember 2005
12. September 2005
27. Januar 2005
12. August 2005

24. 12. 2005
27. 7. 2005
30. 3. 2005
27. 1. 2005
12. 8. 2005
12. 9. 2005

6 Zübeydes Geburtstagskalender

Mama	1. März
Papa	12. Dezember
Oma	29. Februar
Opa	30. Juli
Hasan	5. September
Ebru	4. November

a) Schreibe die Geburtstage kürzer. Schreibe für 2005 den Wochentag dazu.
b) Schreibe die Geburtstage deiner Familie auf.

51

Einführung der Multiplikation

1

Erzähle!

3
1 mal 3 = 3

3 + 3 = ☐
2 mal 3 = ☐

3 + 3 + 3 = ☐
3 mal 3 = ☐

Michael deckt den Tisch.
Er bringt zuerst Teller.

Insgesamt bringt Michael ☐ Teller.

2

2
1 mal 2 = 2
1 · 2 = 2

2 + 2 = ☐
2 mal 2 = ☐
2 · 2 = ☐

2 + 2 + 2 = ☐
3 mal 2 = ☐
3 · 2 = ☐

2 + 2 + 2 + 2 = ☐
4 mal 2 = ☐
4 · 2 = ☐

Hier bereitet Michael Orangensaft zu.

Insgesamt richtet er ☐ Gläser Saft.

3 Suche die passenden Plusaufgaben und Malaufgaben. Lege sie mit deinen Klötzchen nach und schreibe sie auf.

Tassen

Tassen:
2 + 2 + 2 =
3 · 2 =

Gläser

Brötchen

Äpfel

Schneckennudeln

Erfinde selbst Aufgaben.

Lege, zeichne und rechne.

Multiplikation als verkürzte Addition

1 Die Kinder und Lu bauen Steckwürfeltürme. Erzähle.

Uli   ☐ + ☐ + ☐ = ☐
      ☐ · ☐ = ☐

Anne   ☐ + ☐ = ☐
       ☐ · ☐ = ☐

Lu

2 Nimm 18 Steckwürfel und baue Türme.
Zeichne die Türme in dein Heft und schreibe die passenden Aufgaben dazu.
Wie viele verschiedene Aufgaben findest du?
Wie viele findet dein Partner?
Vergleicht.

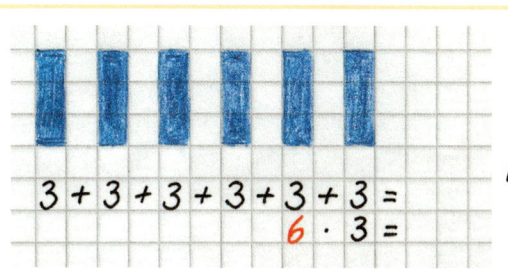

$3 + 3 + 3 + 3 + 3 + 3 =$
$6 \cdot 3 =$

3 Zeichne zu jeder Aufgabe ein Bild und rechne.

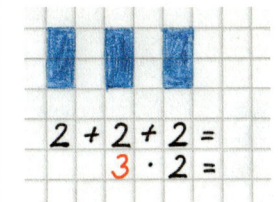

$2 + 2 + 2 =$
$3 \cdot 2 =$

a) $2 \cdot 3 =$
   $4 \cdot 6 =$
   $6 \cdot 4 =$
   $3 \cdot 4 =$
   $4 \cdot 1 =$

b) $2 \cdot 8 =$
   $4 \cdot 4 =$
   $2 \cdot 5 =$
   $3 \cdot 5 =$
   $1 \cdot 8 =$

4 Suche die passenden Malaufgaben und rechne.

$2 + 2 + 2 + 2 =$
$3 + 3 + 3 =$
$4 + 4 + 4 + 4 + 4 =$
$5 + 5 + 5 + 5 =$

5 Wer braucht mehr Steckwürfel?

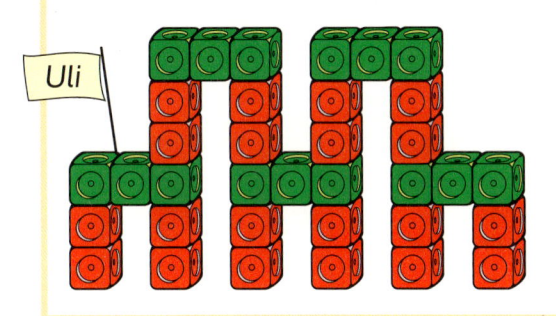

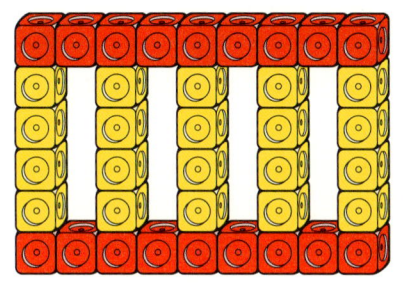

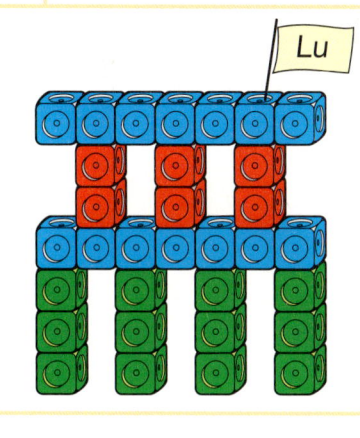

Uli   Anne   Lu

6  a) $8 + 4 =$ b) $16 + 4 =$ c) $25 + 5 =$
      $12 + 4 =$ $20 + 4 =$ $30 + 5 =$
      $15 + 3 =$ $24 + 4 =$ $35 + 5 =$
      $18 + 3 =$ $28 + 4 =$ $40 + 5 =$

7 a) ☐ $+ 4 = 36$ b) ☐ $+ 6 = 30$ c) $48 - 8 =$
      ☐ $+ 4 = 40$ ☐ $+ 6 = 36$ $40 - 8 =$
      ☐ $+ 3 = 27$ ☐ $+ 8 = 16$ $50 - 0 =$
      ☐ $+ 3 = 30$ ☐ $+ 8 = 48$ $50 - 5 =$

8 a) ☐ $- 2 = 18$ b) ☐ $- 3 = 27$ c) ☐ $+ 4 = 20$
      $18 + 2 =$ $27 + 3 =$ $20 - 4 =$
      ☐ $- 4 = 36$ ☐ $- 5 = 35$ ☐ $- 8 = 40$
      $36 + 4 =$ $35 + 5 =$ $40 - 8 =$

9 a) $25 +$ ☐ $= 30$ b) $32 -$ ☐ $= 28$ c) ☐ $+$ ☐ $= 36$
      $25 +$ ☐ $= 31$ $33 -$ ☐ $= 27$ ☐ $-$ ☐ $= 36$
      $35 +$ ☐ $= 41$ $55 -$ ☐ $= 49$ ☐ $+$ ☐ $= 24$
      $36 +$ ☐ $= 41$ $92 -$ ☐ $= 89$ ☐ $-$ ☐ $= 24$

Grundvorstellungen zur Multiplikation

1

Suche im Bild Plus- und Malaufgaben. Schreibe sie auf.

Hörnchen:

5 + 5 + 5 =

3 · 5 =

Bäckerei Hoffmann

2 Die Klasse 2a backt verschiedene Brötchen.

Roggen, Weizen, Hafer, Dinkel, Rosinen, Milch

Nimm deine Legeplättchen und lege die Brötchen nach.
Zeichne sie in dein Heft und rechne.

Roggen: Weizen:

· =

Wie lagen meine Brötchen auf dem Blech? Nimm deine Plättchen, lege, zeichne und rechne!

24 Brötchen   20 Brötchen   18 Brötchen

3

2 + 2 + 2 =	6 + 6 + 6 =	24 + 6 + 6 =	15 + 3 + 3 =
3 + 3 + 3 =	18 + 6 + 6 =	27 + 3 + 3 =	18 + 3 + 3 =
4 + 4 + 4 =	8 + 8 + 8 =	32 + 4 + 4 =	25 + 5 + 5 =
5 + 5 + 5 =	32 + 8 + 8 =	36 + 6 + 6 =	35 + 0 + 0 =

Punktbilder und Malaufgaben, Vertauschungsgesetz

① Suche Malaufgaben, die zu diesem Punktbild passen:

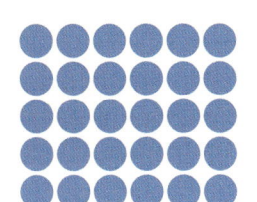

② Erzähle.

③ Übertrage jedes Punktbild zweimal in dein Heft. Zeichne die Striche ein und finde die passenden Malaufgaben.

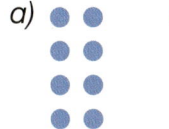

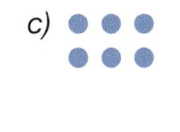

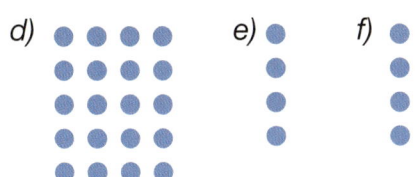

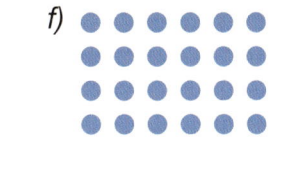

a)   b)   c)

d)   e)   f)

g) Erfinde weitere Aufgaben. Zeichne und rechne im Heft.

④ Welche Malaufgaben passen?

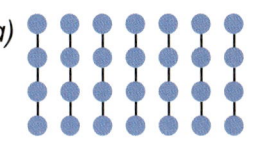

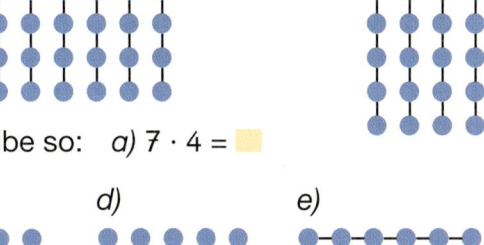

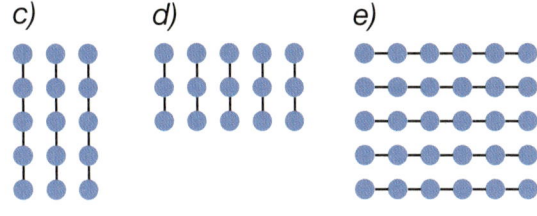

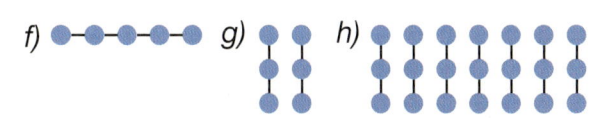

a)   b)   c)   d)   e)

Schreibe so: a) $7 \cdot 4 = $ ▢

f)   g)   h)

⑤ Übertrage die Punktbilder in dein Heft. Zeichne die Striche so ein, dass Punktbild und Malaufgabe zusammenpassen.

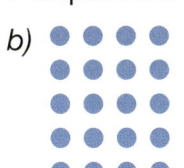

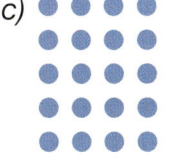

a) $3 \cdot 6 = $ ▢

b) $4 \cdot 5 = $ ▢

c) $5 \cdot 4 = $ ▢

d) Lege und zeichne Punktbilder:
$6 \cdot 2 = $ ▢
$4 \cdot 6 = $ ▢
$3 \cdot 8 = $ ▢

⑥ Was hat Lu entdeckt? Zeichne die Punktbilder in dein Heft und rechne. Findest du weitere Aufgaben?

⑦ a) $4 + 4 + 4 = $ ▢
$3 \cdot 4 = $ ▢
$5 + 5 + 5 = $ ▢

b) $6 + 6 + 6 = $ ▢
$3 \cdot 6 = $ ▢
$8 + 8 + 8 = $ ▢

c) $27 - 3 - 3 = $ ▢
$45 - 5 - 5 = $ ▢
$60 - 6 - 6 = $ ▢

d) $40 - 4 - 4 = $ ▢
$50 - 5 - 5 = $ ▢
$30 - 3 - 3 = $ ▢

55

Flächenmodell

1. Wer hat die größere Tafel Schokolade? Lege mit Stäben aus und vergleiche.

Hans  Beate  Michael

2. Lege auch hier die Tafeln mit Stäben aus und vergleiche.

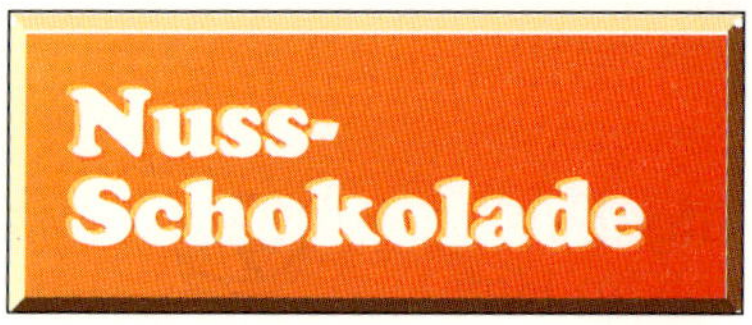

3. Lege immer mit gleich langen Stäben aus. Suche für jede Tafel zwei Möglichkeiten. Schreibe die Malaufgaben ins Heft.

Weiße Schokolade: $6 \cdot 2 =$
$ \cdot =$

Nuss-Schokolade

Mokka-Schokolade

Weiße Schokolade

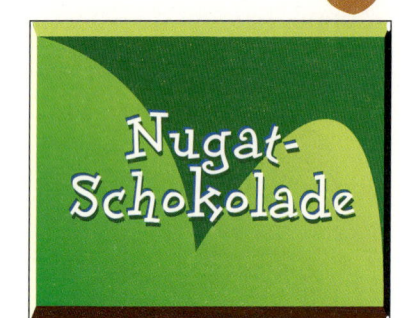

Nugat-Schokolade

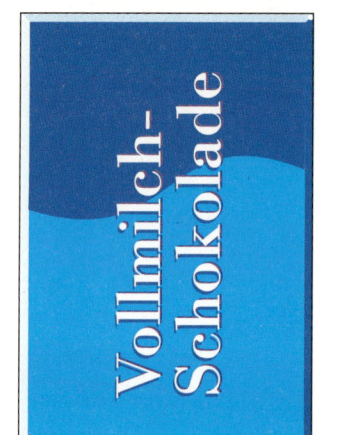

Vollmilch-Schokolade

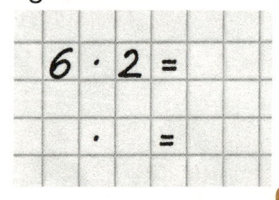

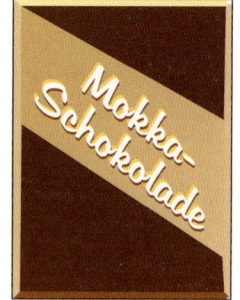

4. a) 18 – 3 = ☐   b) 48 – 6 = ☐   c) 50 – 5 = ☐
    15 – 3 = ☐   42 – 6 = ☐   60 – 6 = ☐
    12 – 3 = ☐   36 – 6 = ☐   40 – 4 = ☐
     9 – 3 = ☐   30 – 6 = ☐   30 – 3 = ☐

5. a) 18 + ☐ = 21   b) 40 – ☐ = 36   c) 32 – ☐ = 28
    21 + ☐ = 24   50 – ☐ = 45   21 – ☐ = 18
    28 + ☐ = 32   60 – ☐ = 54   42 – ☐ = 39
    36 + ☐ = 42   80 – ☐ = 72   42 – ☐ = 36

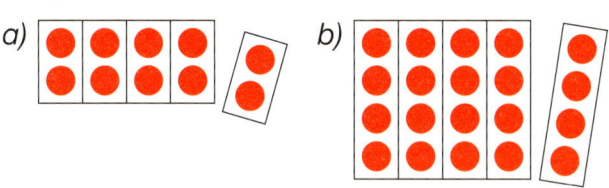

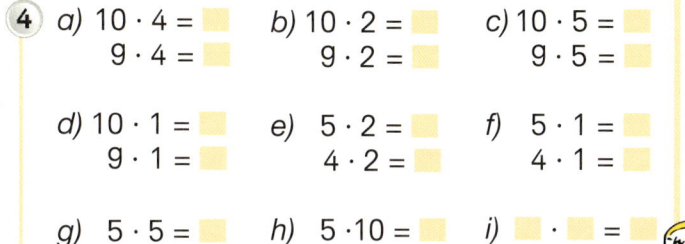

Nachbaraufgaben bei der Multiplikation

1 5 · 4 = ☐   4 · 4 = ☐

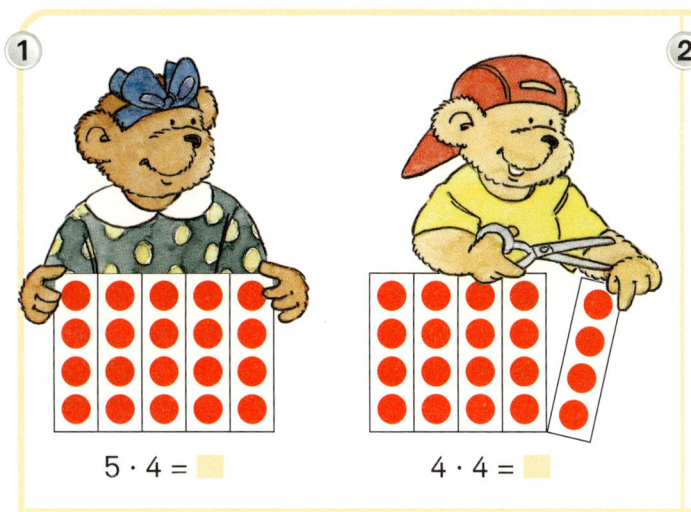

2 10 · 3 = ☐
9 · 3 = ☐

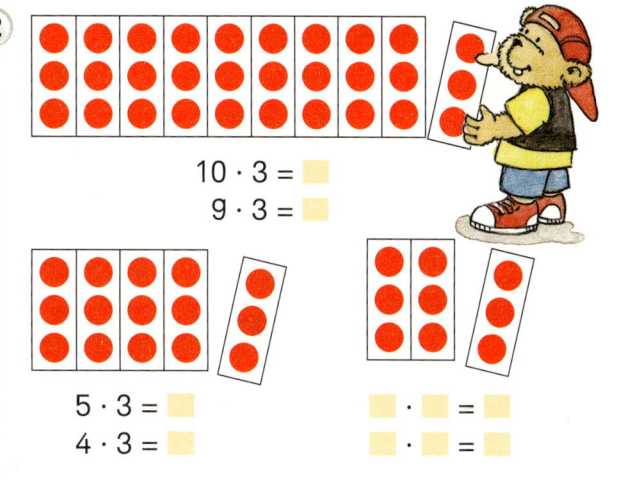

5 · 3 = ☐   ☐ · ☐ = ☐
4 · 3 = ☐   ☐ · ☐ = ☐

3 Suche die Aufgabe und ihre Nachbaraufgabe.
a)   b)   c)

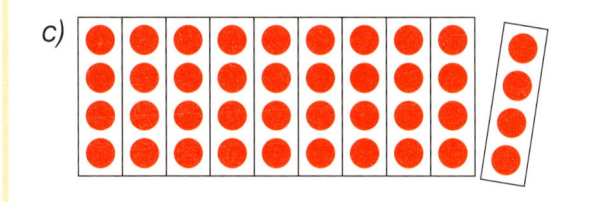

4
a) 10 · 4 = ☐   b) 10 · 2 = ☐   c) 10 · 5 = ☐
   9 · 4 = ☐   9 · 2 = ☐   9 · 5 = ☐

d) 10 · 1 = ☐   e) 5 · 2 = ☐   f) 5 · 1 = ☐
   9 · 1 = ☐   4 · 2 = ☐   4 · 1 = ☐

g) 5 · 5 = ☐   h) 5 · 10 = ☐   i) ☐ · ☐ = ☐
   4 · 5 = ☐   4 · 10 = ☐   ☐ · ☐ = ☐

j) Nenne eine Malaufgabe. Lass deinen Partner eine passende Nachbaraufgabe suchen.

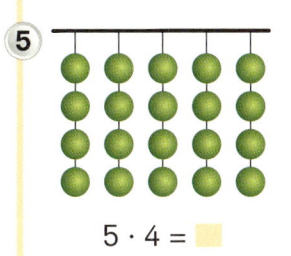

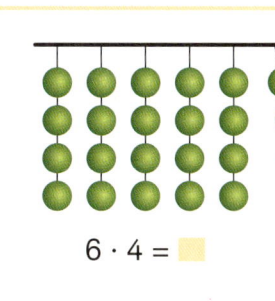

5 5 · 4 = ☐   6 · 4 = ☐   2 · 3 = ☐   5 · 2 = ☐
                                 3 · 3 = ☐   6 · 2 = ☐

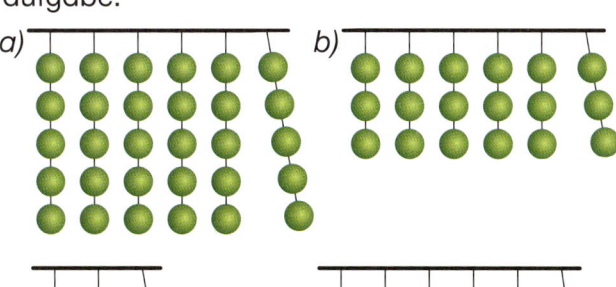

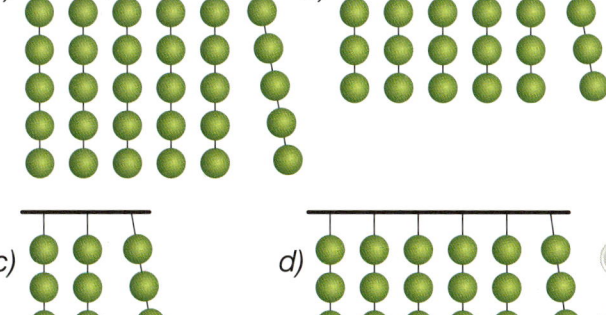

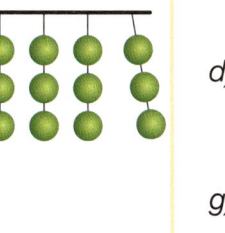

6 Suche die Aufgabe und ihre Nachbaraufgabe.
a)   b)   c) 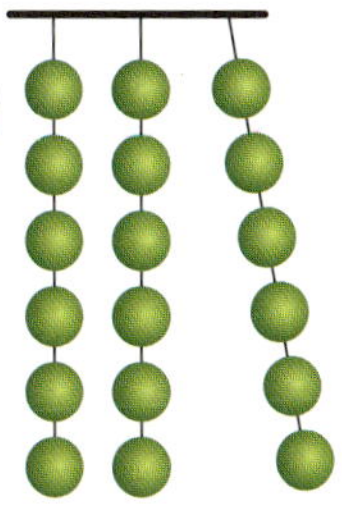   d)

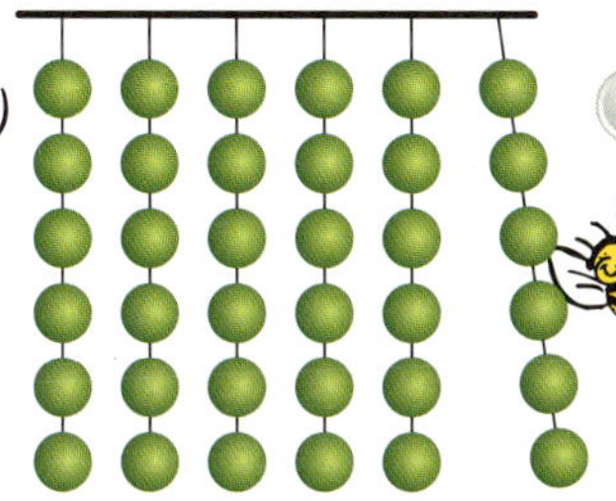

7
a) 5 · 3 = ☐   b) 2 · 6 = ☐   c) 2 · 2 = ☐
   6 · 3 = ☐   3 · 6 = ☐   3 · 2 = ☐

d) 5 · 1 = ☐   e) 5 · 2 = ☐   f) 2 · 4 = ☐
   6 · 1 = ☐   6 · 2 = ☐   3 · 4 = ☐

g) 2 · 10 = ☐ h) ☐ · ☐ = ☐   i) 5 · 0 = ☐
   3 · 10 = ☐   ☐ · ☐ = ☐   6 · 0 = ☐

8 Rechne und schreibe Malaufgaben.
a) 4 + 4 + 4 = ☐   b) 2 + 2 + 2 + 2 = ☐ 
   3 · 4 = ☐   3 + 3 + 3 = ☐

c)   1 + 1 + 1 = ☐   d) 6 + 6 + 6 = ☐
   5 + 5 + 5 + 5 = ☐   10 + 10 = ☐

Die Zweierreihe

1 Erzähle.

2 Lege und zeichne Punktbilder und rechne.

4 · 2 =

a) 4 · 2 =
   8 · 2 =

b) 2 · 2 =
   3 · 2 =

c) 1 · 2 =
   0 · 2 =

d) 10 · 2 =
   5 · 2 =

e) 8 · 2 =
   9 · 2 =

f) 6 · 2 =
   7 · 2 =

3 Die Zweierreihe

0 · 2 = 0
1 · 2 = 2
2 · 2 = 4
3 · 2 =
4 · 2 =
5 · 2 = 10
6 · 2 =
7 · 2 =
8 · 2 =
9 · 2 =
10 · 2 = 20

4
a) 20 = ☐ · 2
   10 = ☐ · 2
   12 = ☐ · 2
   14 = ☐ · 2

b) 2 = ☐ · 2
   4 = ☐ · 2
   8 = ☐ · 2
   16 = ☐ · 2

c) 0 = ☐ · 2
   6 = ☐ · 2
   12 = ☐ · 2
   18 = ☐ · 2

d) 20 = ☐ · 2
   18 = ☐ · 2
   16 = ☐ · 2
   14 = ☐ · 2

5

Paare	1	2	3		5	6		8	9	
Kinder	2			8			14			20

Übertrage die Tabelle in dein Heft und ergänze sie.

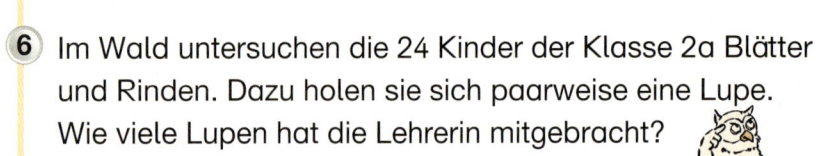

6 Im Wald untersuchen die 24 Kinder der Klasse 2a Blätter und Rinden. Dazu holen sie sich paarweise eine Lupe. Wie viele Lupen hat die Lehrerin mitgebracht?

Finde einen Lösungsweg und besprich ihn mit deinem Partner.

7 Suche die Plusaufgaben und rechne.

2 · 7 = 14
7 + 7 = 14

a) 2 · 7 =
   3 · 5 =
   5 · 1 =
   4 · 0 =

b) 3 · 8 =
   4 · 6 =
   3 · 10 =
   4 · 4 =

c) 2 · 9 =
   5 · 4 =
   4 · 7 =
   3 · 6 =

Schreibe die Zweierreihe in dein Heft. Lerne die roten Kernaufgaben auswendig.

0 2 4 6 8 10 12 14 16 18 20 22 24

Die Viererreihe

1 Erzähle. Findest du die Malaufgaben?

2 Baue Steckwürfeltürme, zeichne und rechne.

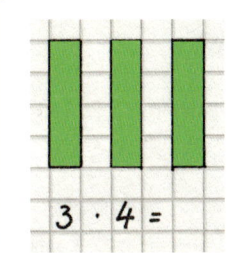

3 · 4 =

a) 3 · 4 = ◻
   6 · 4 = ◻

b) 5 · 4 = ◻
   4 · 4 = ◻

c) 0 · 4 = ◻
   2 · 4 = ◻

d) 4 · 4 = ◻
   8 · 4 = ◻

e) 10 · 4 = ◻
   9 · 4 = ◻

f) 8 · 4 = ◻
   7 · 4 = ◻

3 Die Viererreihe

0 · 4 = 0
1 · 4 = 4
2 · 4 = 8
3 · 4 =
4 · 4 =
5 · 4 = 20
6 · 4 =
7 · 4 =
8 · 4 =
9 · 4 =
10 · 4 = 40

4 a) 20 = ◻ · 4
   24 = ◻ · 4
   4 = ◻ · 4
   0 = ◻ · 4

b) 8 = ◻ · 4
   16 = ◻ · 4
   32 = ◻ · 4
   40 = ◻ · 4

c) 16 = ◻ · 2
   16 = ◻ · 4
   12 = ◻ · 2
   12 = ◻ · 4

d) 8 = ◻ · 2
   8 = ◻ · 4
   20 = ◻ · 2
   20 = ◻ · 4

5

Bilder	1	2		4			7	8	9	
Reißnägel	4		12		20	24				40

Übertrage die Tabelle in dein Heft und ergänze sie.

6 a) Felix hängt 3 Bilder auf. Jedes Bild befestigt er mit 4 Reißnägeln.
Wie viele Reißnägel benötigt er?

b) Andrea hat sich 16 Reißnägel gerichtet.
Wie viele Bilder hängt sie auf?

7 a) 40 − 4 = ◻
   36 − 4 = ◻
   36 − 6 = ◻
   30 − 6 = ◻

b) ◻ + 6 = 30
   ◻ + 8 = 40
   ◻ + 2 = 50
   ◻ + 2 = 60

c) 28 − ◻ = 24
   18 − ◻ = 12
   48 − ◻ = 42
   42 − ◻ = 36

d) ◻ + 4 = 20
   ◻ + 6 = 48
   ◻ + 7 = 35
   ◻ + 8 = 56

Schreibe die Viererreihe in dein Heft. Lerne die roten Kernaufgaben auswendig.

8 Schreibe die Zweierreihe in dein Heft und lerne sie auswendig.
Vorwärts: 0, 2, 4, 6, ……… 20, 22, 24
Rückwärts: 24, 22, 20, ……. 6, 4, 2, 0

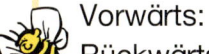

0 4 8 12 16 20 24 28 32 36 40 44 48 52

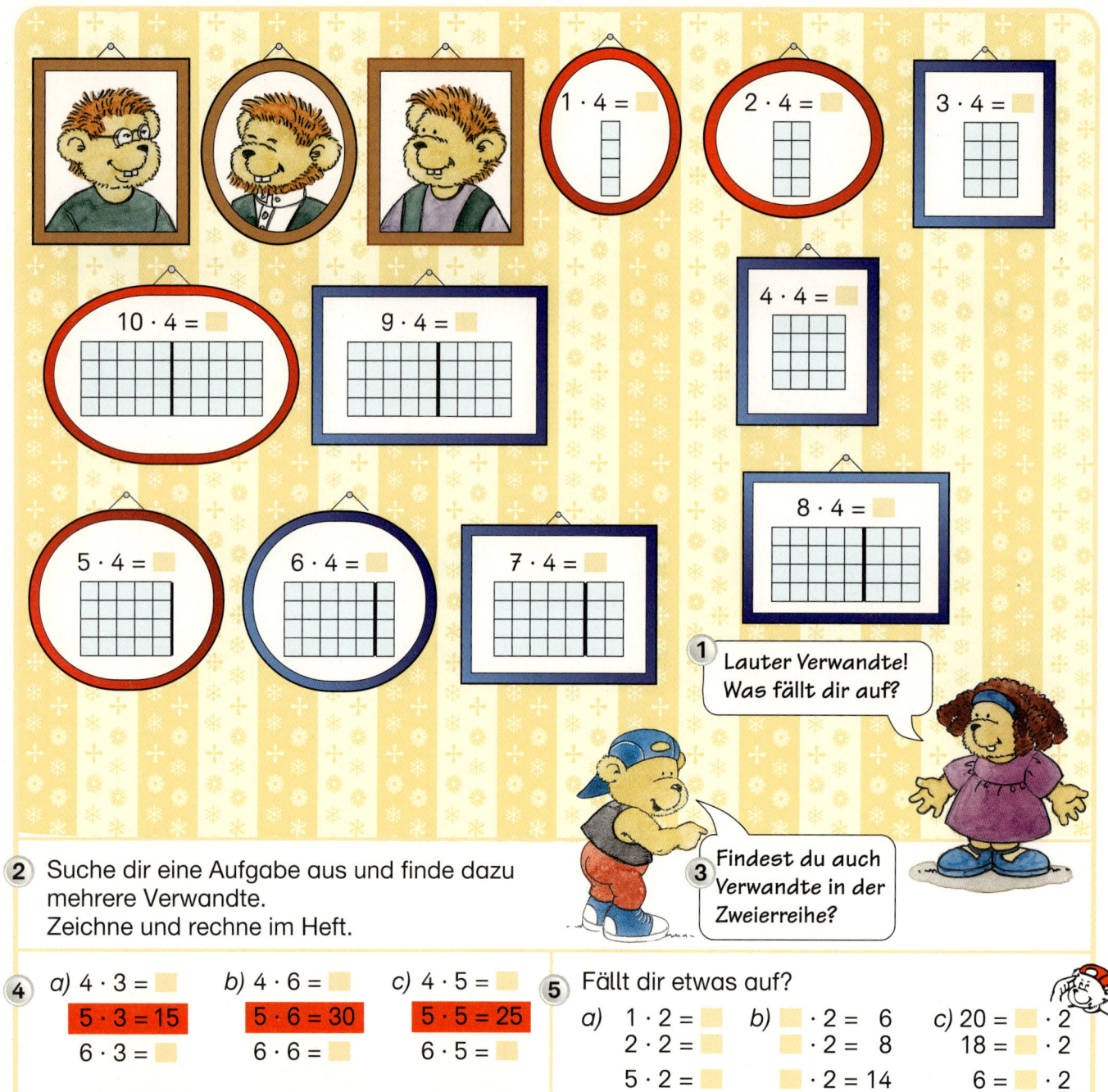

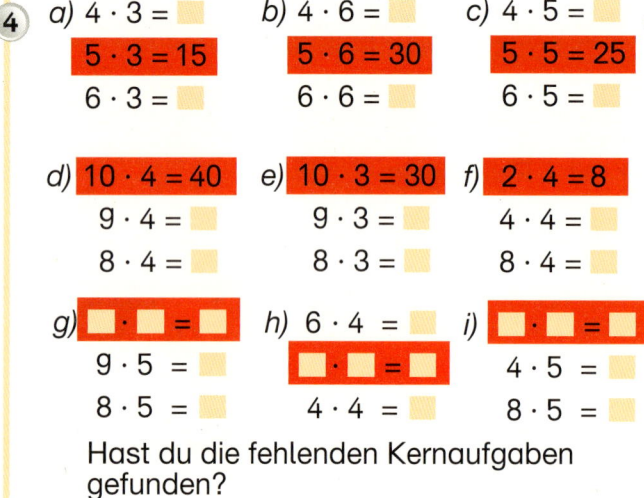

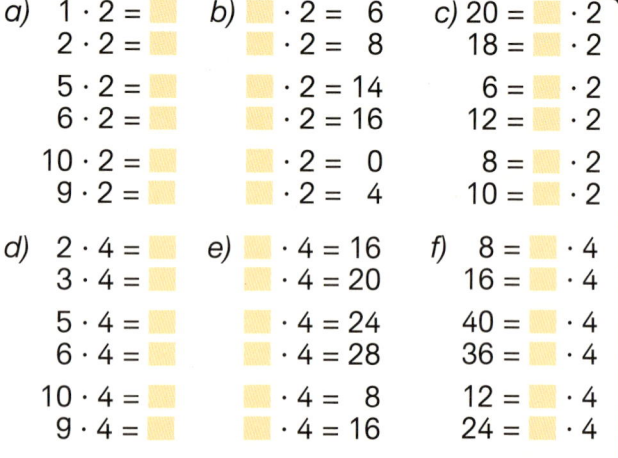

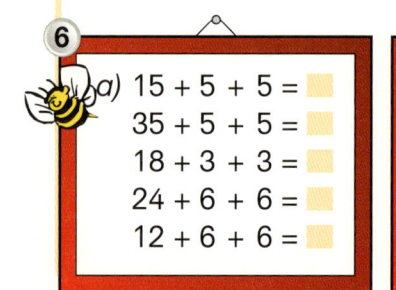

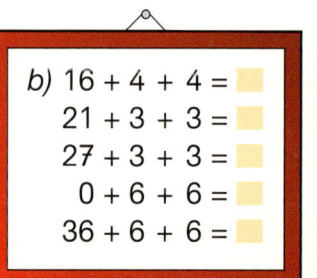

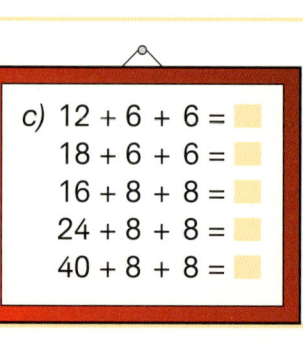

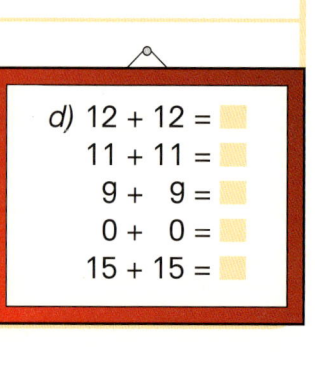

Verwandtschaftsbeziehungen bei Malaufgaben

1 · 4 = ☐
2 · 4 = ☐
3 · 4 = ☐
4 · 4 = ☐
10 · 4 = ☐
9 · 4 = ☐
8 · 4 = ☐
5 · 4 = ☐
6 · 4 = ☐
7 · 4 = ☐

① Lauter Verwandte! Was fällt dir auf?

② Suche dir eine Aufgabe aus und finde dazu mehrere Verwandte. Zeichne und rechne im Heft.

③ Findest du auch Verwandte in der Zweierreihe?

④
a) 4 · 3 = ☐
   5 · 3 = 15
   6 · 3 = ☐

b) 4 · 6 = ☐
   5 · 6 = 30
   6 · 6 = ☐

c) 4 · 5 = ☐
   5 · 5 = 25
   6 · 5 = ☐

d) 10 · 4 = 40
   9 · 4 = ☐
   8 · 4 = ☐

e) 10 · 3 = 30
   9 · 3 = ☐
   8 · 3 = ☐

f) 2 · 4 = 8
   4 · 4 = ☐
   8 · 4 = ☐

g) ☐ · ☐ = ☐
   9 · 5 = ☐
   8 · 5 = ☐

h) 6 · 4 = ☐
   ☐ · ☐ = ☐
   4 · 4 = ☐

i) ☐ · ☐ = ☐
   4 · 5 = ☐
   8 · 5 = ☐

Hast du die fehlenden Kernaufgaben gefunden?

⑤ Fällt dir etwas auf?

a) 1 · 2 = ☐
   2 · 2 = ☐
   5 · 2 = ☐
   6 · 2 = ☐
   10 · 2 = ☐
   9 · 2 = ☐

b) ☐ · 2 = 6
   ☐ · 2 = 8
   ☐ · 2 = 14
   ☐ · 2 = 16
   ☐ · 2 = 0
   ☐ · 2 = 4

c) 20 = ☐ · 2
   18 = ☐ · 2
   6 = ☐ · 2
   12 = ☐ · 2
   8 = ☐ · 2
   10 = ☐ · 2

d) 2 · 4 = ☐
   3 · 4 = ☐
   5 · 4 = ☐
   6 · 4 = ☐
   10 · 4 = ☐
   9 · 4 = ☐

e) ☐ · 4 = 16
   ☐ · 4 = 20
   ☐ · 4 = 24
   ☐ · 4 = 28
   ☐ · 4 = 8
   ☐ · 4 = 16

f) 8 = ☐ · 4
   16 = ☐ · 4
   40 = ☐ · 4
   36 = ☐ · 4
   12 = ☐ · 4
   24 = ☐ · 4

⑥
a) 15 + 5 + 5 = ☐
   35 + 5 + 5 = ☐
   18 + 3 + 3 = ☐
   24 + 6 + 6 = ☐
   12 + 6 + 6 = ☐

b) 16 + 4 + 4 = ☐
   21 + 3 + 3 = ☐
   27 + 3 + 3 = ☐
   0 + 6 + 6 = ☐
   36 + 6 + 6 = ☐

c) 12 + 6 + 6 = ☐
   18 + 6 + 6 = ☐
   16 + 8 + 8 = ☐
   24 + 8 + 8 = ☐
   40 + 8 + 8 = ☐

d) 12 + 12 = ☐
   11 + 11 = ☐
   9 + 9 = ☐
   0 + 0 = ☐
   15 + 15 = ☐

Zahleigenschaften: Gerade und ungerade Zahlen

1 Erzähle.

2 a) Welche Hausnummer hat die Bäckerei?

b) Bei einigen Häusern kannst du keine Hausnummern erkennen.
Welche Nummern haben sie?

c) Uli wohnt im Uferweg zwischen Haus Nr. 44 und Nr. 48,
Anja zwischen Nr. 43 und Nr. 39.
Wie heißen ihre Hausnummern?

d) Welche Hausnummern findest du auf der linken, welche auf der rechten Straßenseite?

e) Welche Hausnummern gibt es in deiner Klasse? Sammle sie in einer Liste.

3 Welche Briefe muss der Briefträger auf der rechten, welche auf der linken Straßenseite austragen?

Linke Seite: 33, …
Rechte Seite: 32, …

4 Was fällt dir auf?

Findest du heraus, welche Zahlen wir verdeckt haben?

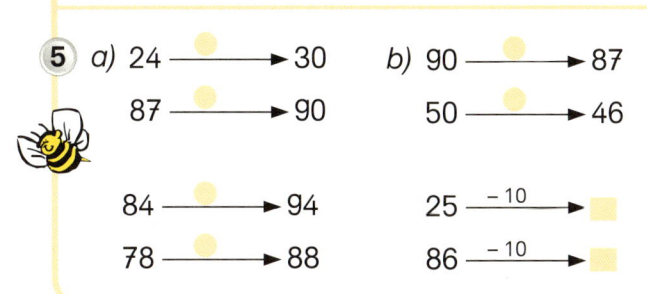

ungerade Zahlen				
1	3	5	7	9
11	13	15	17	19
21	23	25	A	29
31	33	35	37	B
41	43	C	47	49
D	53	55	57	59
61	63	65	67	E
71	F	75	77	79
81	83	G	87	89
91	93	95	H	99

gerade Zahlen				
2	4	6	8	10
12	14	16	18	20
I	24	26	28	30
32	34	36	38	J
42	44	K	48	50
52	L	56	58	60
62	64	66	68	70
72	74	M	78	80
82	84	86	N	90
O	94	96	98	100

5 a) 24 ⟶ 30   b) 90 ⟶ 87
   87 ⟶ 90   50 ⟶ 46

   84 ⟶ 94   25 —−10→
   78 ⟶ 88   86 —−10→

6 a) 2 · 4 =   b) 5 · 4 =   c) 10 · 4 =
   3 · 4 =   6 · 4 =   9 · 4 =
   4 · 4 =   7 · 4 =   8 · 4 =

d) · 4 = 16   e) · 4 = 24   f) · 4 = 4
    · 4 = 20   · 4 = 28   · 4 = 12
    · 4 = 0   · 4 = 32   · 4 = 36

Die Fünferreihe

1 Erzähle.

2 Zeichne und rechne.

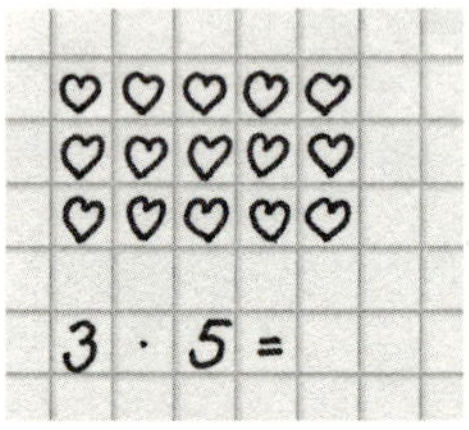

3 · 5 =

a) 3 · 5 = ☐   b) 4 · 5 = ☐   c) 1 · 5 = ☐
   6 · 5 = ☐   2 · 5 = ☐   0 · 5 = ☐

d) 5 · 5 = ☐   e) 8 · 5 = ☐   f) 5 · 5 = ☐
   10 · 5 = ☐   9 · 5 = ☐   7 · 5 = ☐

3 Die Fünferreihe

0 · 5 = 0
1 · 5 = 5
2 · 5 = 10
3 · 5 =
4 · 5 =
5 · 5 = 25
6 · 5 =
7 · 5 =
8 · 5 =
9 · 5 =
10 · 5 = 50

4 a) 10 = ☐ · 5   b) 15 = ☐ · 5   c) 50 = ☐ · 5   d) 0 = ☐ · 5
     20 = ☐ · 5   30 = ☐ · 5   45 = ☐ · 5   5 = ☐ · 5
     25 = ☐ · 5   35 = ☐ · 5   40 = ☐ · 5   10 = ☐ · 5
     50 = ☐ · 5   40 = ☐ · 5   35 = ☐ · 5   20 = ☐ · 5

5

Waffeln	1	2		5		7	8	9
Herzen	5		15	20	30			50

Übertrage die Tabelle in dein Heft und ergänze sie.

6 a) Mutter hat 6 Waffeln gebacken. Andreas isst 2 Waffeln. Wie viele Waffelherzen sind das? Wie viele Waffelherzen können Vater und Mutter noch essen?

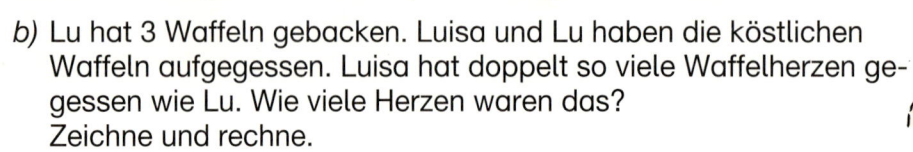

b) Lu hat 3 Waffeln gebacken. Luisa und Lu haben die köstlichen Waffeln aufgegessen. Luisa hat doppelt so viele Waffelherzen gegessen wie Lu. Wie viele Herzen waren das? Zeichne und rechne.

Schreibe die Fünferreihe in dein Heft. Lerne die Kernaufgaben auswendig.

7 a) 27 − 3 = ☐   b) 72 − 8 = ☐   c) 56 − 7 = ☐   d) 15 + 3 = ☐   e) 12 + 6 = ☐
     36 − 4 = ☐   81 − 9 = ☐   48 − 6 = ☐   35 + 7 = ☐   14 + 7 = ☐
     54 − 6 = ☐   72 − 9 = ☐   32 − 4 = ☐   45 + 9 = ☐   16 + 8 = ☐
     63 − 7 = ☐   64 − 8 = ☐   24 − 3 = ☐   50 + 5 = ☐   18 + 9 = ☐

0 5 10 15 20 25 30 35 40 45 50 55 60

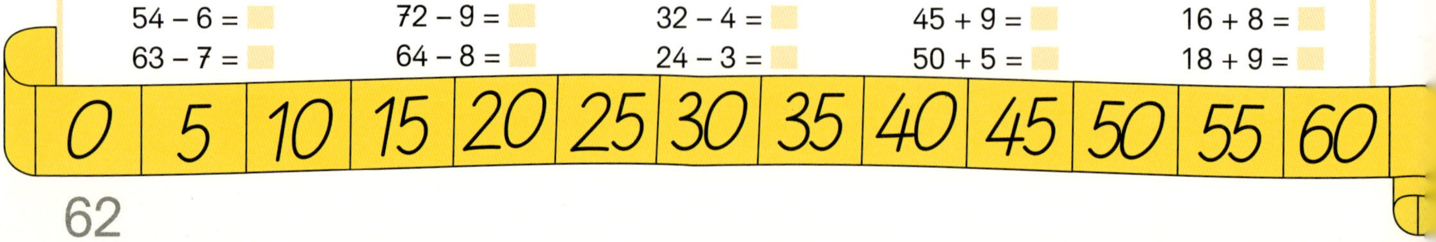

Die Zehnerreihe

1 Frau Neber füllt Eier in Schachteln. Erzähle.

2 Zeichne und rechne.

2 · 10 =

a) 2 · 10 = ☐   b) 3 · 10 = ☐   c) 4 · 10 = ☐
   5 · 10 = ☐   6 · 10 = ☐   8 · 10 = ☐

d) 0 · 10 = ☐
   7 · 10 = ☐

3 Die Zehnerreihe

0 · 10 = 0
1 · 10 = 10
2 · 10 = 20
3 · 10 =
4 · 10 =
5 · 10 = 50
6 · 10 =
7 · 10 =
8 · 10 =
9 · 10 =
10 · 10 = 100

4
a) 20 = ☐ · 10   b) 40 = ☐ · 10   c) 0 = ☐ · 10   d) 60 = ☐ · 10
   20 = ☐ · 5   40 = ☐ · 5   0 = ☐ · 5   60 = ☐ · 5

e) 10 = ☐ · 10   f) 30 = ☐ · 10   g) 50 = ☐ · 10   h) 70 = ☐ · 5
   10 = ☐ · 5   30 = ☐ · 5   50 = ☐ · 5

5

Schachteln	1	2			5		7		9	
Eier	10		30	40		60		80		100

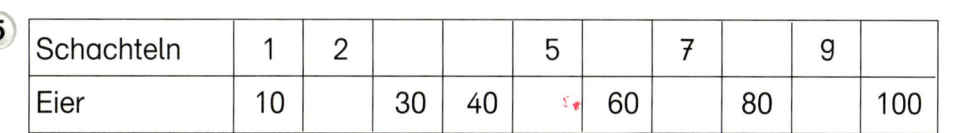

Übertrage die Tabelle in dein Heft und ergänze sie.

6 a) Herr Schmidt kauft 2 Schachteln Eier.
Wie viele Eier sind das?
Wie viele Eier hat Frau Neber noch?

Schreibe die Zehnerreihe in dein Heft.

b) Vater hat vier 10er-Schachteln mit Eiern gekauft. Zum Backen braucht er 6 Eier. Wie viele Eier sind nach dem Backen noch übrig?

c) Oma backt für ein Fest viele Kuchen. Für die Apfelkuchen braucht sie 6 Eier, für den Nusskuchen 12 und für die Rührkuchen 9 Eier. Wie kannst du ganz schnell herausfinden, ob 3 Schachteln Eier reichen?

7 Schreibe die Viererreihe in dein Heft.
0, 4, 8, ... 44, 48
48, 44, 40, ... 4, 0

Setze fort:
0, 2, 4, ... 24
0, 5, 10, ... 60

0 10 20 30 40 50 60 70 80 90 100 110 120

63

Die Dreierreihe

① Erzähle.

②
a) 4 · 3 = ▢ 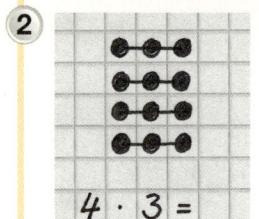
   2 · 3 = ▢
b) 10 · 3 = ▢
   9 · 3 = ▢
c) 8 · 3 = ▢
   7 · 3 = ▢
d) 3 · 3 = ▢
   6 · 3 = ▢

4 · 3 =

③
a) 3 = ▢ · 3
   6 = ▢ · 3
b) 9 = ▢ · 3
   18 = ▢ · 3
c) 12 = ▢ · 3
   24 = ▢ · 3
d) 30 = ▢ · 3
   27 = ▢ · 3
e) 24 = ▢ · 3
   21 = ▢ · 3
f) 0 = ▢ · 3
   15 = ▢ · 3

④ Schreibe die Aufgaben der Dreierreihe in dein Heft. Lerne die Kernaufgaben auswendig.

⑤

·	2	3	4
2			
4			
8			

·	2	3	4
0			
5			
10			

⑥

Bänke	1	2		4		6	7		9
Kinder			9		15		24	30	

Übertrage die Tabelle in dein Heft und ergänze sie.

⑦ Zeichne und rechne.

a) In der Turnstunde richtet die Lehrerin 8 Seile her. Die Kinder wollen immer zu dritt Seil springen.
   Wie viele Kinder können Seil springen?

b) Am Nachmittag treffen sich 12 Kinder zum Seil springen.
   Wie viele Seile müssen sie mitnehmen?

c) 4 Mädchen und 3 Jungen treffen sich am Spielplatz. Sie haben 3 Seile mitgebracht.
   Wie können die Kinder damit Seil springen?

⑧ Welche Zahlen gehören zur Dreierreihe? Schreibe die Aufgaben dazu.

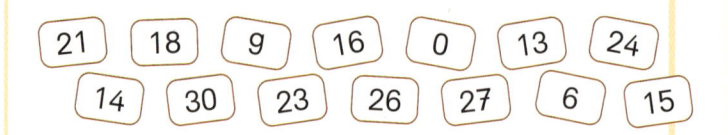

21 18 9 16 0 13 24
14 30 23 26 27 6 15

⑨ 
a) 10 = ▢ · 5
   20 = ▢ · 5
b) 15 = ▢ · 5
   25 = ▢ · 5
c) 30 = ▢ · 5
   35 = ▢ · 5
d) 50 = ▢ · 5
   45 = ▢ · 5
e) 40 = ▢ · 5
   5 = ▢ · 5
f) 0 = ▢ · 5
   55 = ▢ · 5

0 3 6 9 12 15 18 21 24 27 30 33 36

Die Sechserreihe

1 Klasse 2a 2005

2 Zeichne Punktbilder und rechne.

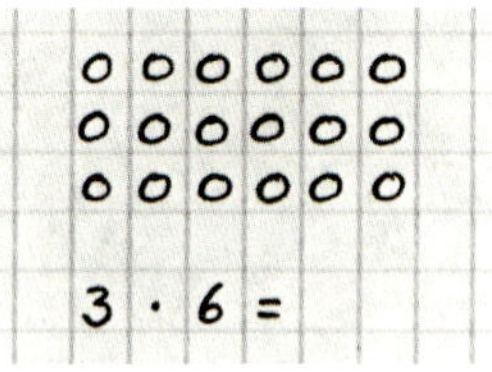

a) 3 · 6 =
2 · 6 =

b) 4 · 6 =
5 · 6 =

3
a) 10 · 6 =   b) 5 · 6 =   c) 2 · 6 =
   9 · 6 =   4 · 6 =   4 · 6 =

d) 8 · 6 =   e) 2 · 6 =   f) 6 · 6 =
   0 · 6 =   3 · 6 =   7 · 6 =

4 Schreibe die Sechserreihe in dein Heft. Lerne die Kernaufgaben auswendig.

5
a) 2 · 3 =   b) 4 · 3 =   c) 8 · 3 =
   2 · 6 =   4 · 6 =   8 · 6 =

d) 0 · 3 =   e) 5 · 3 =   f) 10 · 3 =
   0 · 6 =   5 · 6 =   10 · 6 =

6
a) 12 = ☐ · 6   b) 24 = ☐ · 6   c) 0 = ☐ · 6
   12 = ☐ · 3   24 = ☐ · 3   0 = ☐ · 3

d) 30 = ☐ · 6   e) 6 = ☐ · 6   f) 18 = ☐ · 6
   30 = ☐ · 3   6 = ☐ · 3   18 = ☐ · 3

7

Gruppentische	1		3	4		7	8	9
Kinder	6	12		30	36			60

Übertrage die Tabelle in dein Heft und ergänze sie.

8
a) Die Lehrerin bittet um Mithilfe beim Aufräumen. 3 Gruppentische mit je 6 Kindern melden sich. Wie viele Kinder wollen mithelfen?

b) In der vierten Klasse sitzen 30 Kinder auch an 6er-Gruppentischen. Wie viele Tischgruppen sind das?

c) Wie viele Kinder sind in deiner Klasse? Zeichne einen Sitzplan. Gibt es noch andere Sitzmöglichkeiten? Zeichne Pläne.

9
a) 5 · 3 =   b) 6 · 6 =   c) 8 · 4 =
   6 · 3 =   7 · 6 =   7 · 4 =
   7 · 3 =   8 · 6 =   6 · 4 =

d) 0 · 4 =   e) 7 · 5 =   f) 2 · 6 =
   2 · 4 =   8 · 5 =   3 · 6 =
   3 · 4 =   9 · 5 =   4 · 6 =

10
a) 2 · 5 =   b) 4 · 5 =   c) 5 · 5 =
   2 · 10 =   4 · 10 =   5 · 10 =

d) 6 · 5 =   e) 10 · 5 =   f) 8 · 5 =
   6 · 10 =   10 · 10 =   8 · 10 =

0 | 6 | 12 | 18 | 24 | 30 | 36 | 42 | 48 | 54 | 60 | 66 | 72

Die Achterreihe

1 Wie viele Personen können in jedem Wagen der multi-Maus mitfahren. Wie viele Personen können insgesamt einsteigen?

2 Zeichne und rechne.

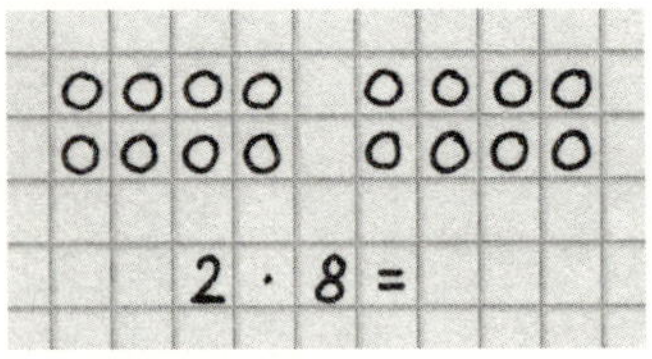

a) 2 · 8 = ☐
   4 · 8 = ☐

b) 6 · 8 = ☐
   3 · 8 = ☐

4
a) 10 · 8 = ☐
   9 · 8 = ☐
   2 · 8 = ☐
   3 · 8 = ☐

b) 2 · 8 = ☐
   4 · 8 = ☐
   5 · 8 = ☐
   6 · 8 = ☐

c) 5 · 8 = ☐
   6 · 8 = ☐
   7 · 8 = ☐
   0 · 8 = ☐

d) 2 · 8 = ☐
   4 · 8 = ☐
   8 · 8 = ☐
   9 · 8 = ☐

e) 1 · 8 = ☐
   3 · 8 = ☐
   5 · 8 = ☐
   7 · 8 = ☐

f) ☐ · 8 = ☐
   ☐ · 8 = ☐
   ☐ · 8 = ☐
   ☐ · 8 = ☐

3 Schreibe die Achterreihe in dein Heft. Lerne die Kernaufgaben auswendig.

5

Wagen	1	2	3	4		6	7		9	
Personen	8			40			64		80	

Übertrage die Tabelle in dein Heft und ergänze.

6
a) 2 · 4 = ☐
   1 · 8 = ☐
   10 · 4 = ☐
   5 · 8 = ☐

b) 4 · 4 = ☐
   2 · 8 = ☐
   3 · 8 = ☐
   6 · 4 = ☐

c) 4 · 8 = ☐
   8 · 4 = ☐
   0 · 8 = ☐
   0 · 4 = ☐

d) 16 = ☐ · 8
   16 = ☐ · 4
   40 = ☐ · 8
   40 = ☐ · 4

e) 32 = ☐ · 8
   32 = ☐ · 4
   24 = ☐ · 8
   24 = ☐ · 4

f) 8 = ☐ · 8
   8 = ☐ · 4
   0 = ☐ · 8
   0 = ☐ · 4

7
a) 2 · 8 = ☐
   3 · 8 = ☐
   4 · 8 = ☐
   8 · 8 = ☐

b) 2 · 6 = ☐
   3 · 6 = ☐
   4 · 6 = ☐
   6 · 6 = ☐

c) 5 · 6 = ☐
   6 · 6 = ☐
   7 · 6 = ☐
   8 · 6 = ☐

d) 10 · 4 = ☐
   9 · 4 = ☐
   8 · 4 = ☐
   7 · 4 = ☐

e) 10 · 3 = ☐
   9 · 3 = ☐
   8 · 3 = ☐
   7 · 3 = ☐

f) 7 · 5 = ☐
   9 · 5 = ☐
   8 · 5 = ☐
   4 · 5 = ☐

8 Stromausfall! Bitte alle umsteigen!

Die Personen des roten Zuges steigen in blaue Wagen um.

Suche Lösungswege und zeichne sie auf.

9
a) ☐ · 2 = 10
   ☐ · 2 = 12
   ☐ · 2 = 20
   ☐ · 2 = 18

b) ☐ · 4 = 40
   ☐ · 4 = 36
   ☐ · 4 = 20
   ☐ · 4 = 24

c) ☐ · 5 = 10
   ☐ · 5 = 15
   ☐ · 5 = 20
   ☐ · 5 = 25

d) ☐ · 5 = 50
   ☐ · 5 = 45
   ☐ · 5 = 40
   ☐ · 5 = 35

e) ☐ · 10 = 50
   ☐ · 10 = 70
   ☐ · 10 = 10
   ☐ · 10 = 80

f) ☐ · 6 = 60
   ☐ · 6 = 54
   ☐ · 6 = 36
   ☐ · 6 = 0

0 8 16 24 32 40 48 56 64 72 80 88 96

Halb-Doppelt-Beziehungen bei der Multiplikation

1 Erzähle.

3 · 4 = ☐   Ina

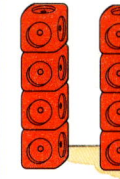

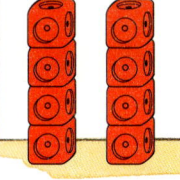

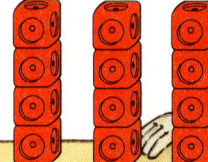

6 · 4 = ☐   Gitta

2 Baue mit deinem Partner nach und löse. Was fällt dir auf?

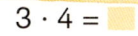

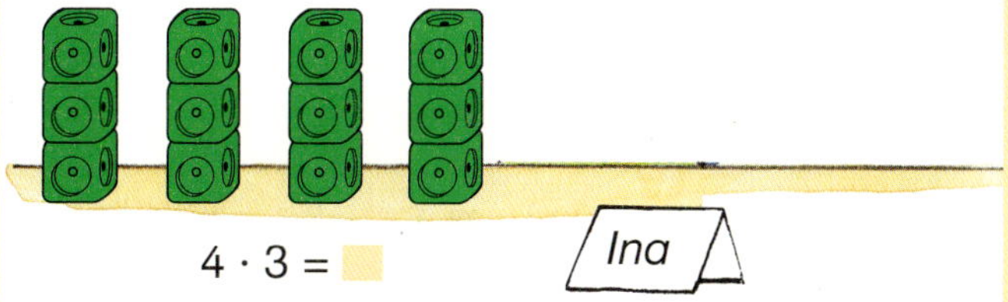

4 · 3 = ☐   Ina

☐ · ☐ = ☐   Gitta

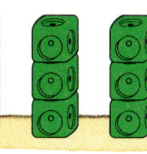

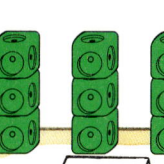

3 Baue mit deinem Partner Steckwürfeltürme wie Ina und Gitta. Zeichne und rechne.

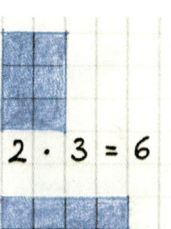

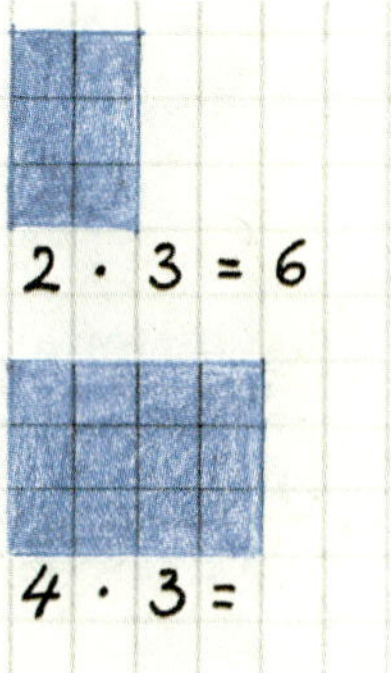

2 · 3 = 6
4 · 3 =

a) 2 · 3 = ☐   b) 3 · 3 = ☐
   4 · 3 = ☐   6 · 3 = ☐

c) 3 · 2 = ☐   d) 2 · 5 = ☐
   6 · 2 = ☐   4 · 5 = ☐

e) 4 · 4 = ☐   f) 3 · 5 = ☐
   8 · 4 = ☐   6 · 5 = ☐

4 Immer das Doppelte!

a) 5 · 2 = ☐   b) 2 · 6 = ☐
   10 · 2 = ☐   4 · 6 = ☐
   4 · 10 = ☐   1 · 8 = ☐
   ☐ · 10 = ☐   ☐ · 8 = ☐

c) 2 · 4 = ☐   d) 3 · 8 = ☐
   ☐ · 4 = ☐   ☐ · ☐ = ☐
   5 · 3 = ☐   4 · 5 = ☐
   ☐ · ☐ = ☐   ☐ · ☐ = ☐

5

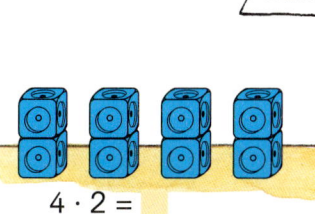

8 · 2 = ☐   Samad

4 · 2 = ☐   Oli

6

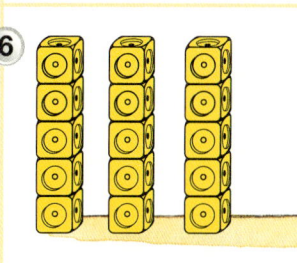

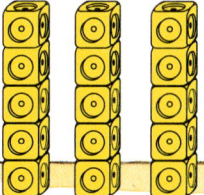

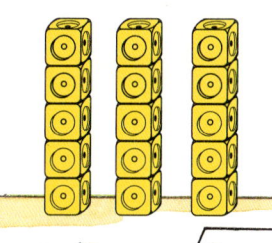

6 · 5 = ☐   Sven

Baue mit deinem Partner nach und löse.

☐ · ☐ = ☐   Oli

7 Baue mit deinem Partner, zeichne und rechne.

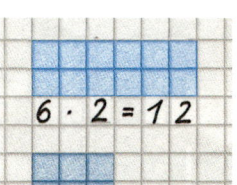

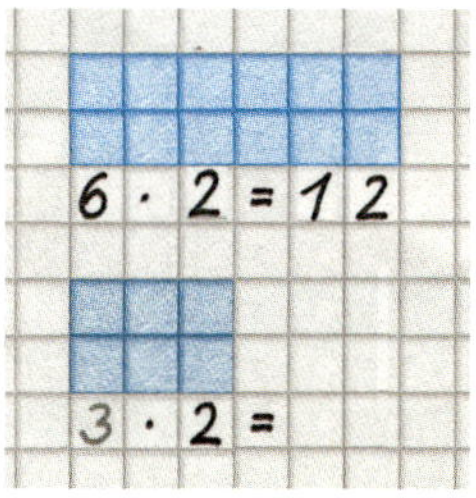

6 · 2 = 12
3 · 2 =

a) 6 · 2 = ☐   b) 8 · 3 = ☐
   3 · 2 = ☐   4 · 3 = ☐

c) 6 · 5 = ☐   d) 10 · 2 = ☐
   3 · 5 = ☐   5 · 2 = ☐

8 Immer die Hälfte!

a) 10 · 6 = ☐   b) 24 = ☐ · 4
   5 · 6 = ☐   12 = ☐ · 4
   10 · 10 = ☐   48 = ☐ · 6
   5 · 10 = ☐   24 = ☐ · ☐
   6 · 3 = ☐   48 = ☐ · 8
   ☐ · 3 = ☐   24 = ☐ · ☐

67

Verwandtschaftsbeziehungen bei Malaufgaben

1

30 = ☐ · 10
30 = ☐ · 5

2 Lege ebenso mit deinen Stäben nach und vergleiche. Schreibe und rechne im Heft.

a) 20 = ☐ · 10
   20 = ☐ · 5

b) 40 = ☐ · 10
   40 = ☐ · 5

c) 0 = ☐ · 10
   0 = ☐ · 5

d) 50 = ☐ · 10
   50 = ☐ · 5

e) 10 = ☐ · 10
   10 = ☐ · 5

f) 30 = ☐ · 10
   30 = ☐ · 5

3

12 = ☐ · 3
12 = ☐ · 6

a) 24 = ☐ · 3
   24 = ☐ · 6

b) 18 = ☐ · 3
   18 = ☐ · 6

c) 30 = ☐ · 3
   30 = ☐ · 6

d) 0 = ☐ · 3
   0 = ☐ · 6

4 Lege die Mauerreihen nach und vergleiche. Was fällt dir hier auf?

16 = ☐ · 8
16 = ☐ · 4
16 = ☐ · 2

Lege mit deinem Partner auch folgende Aufgaben. Schreibe und rechne im Heft.

a) 24 = ☐ · 8
   24 = ☐ · 4
   24 = ☐ · 2

b) 0 = ☐ · 8
   0 = ☐ · 4
   0 = ☐ · 2

c) 32 = ☐ · 8
   32 = ☐ · 4
   32 = ☐ · 2

d) 8 = ☐ · 8
   8 = ☐ · 4
   8 = ☐ · 2

5 Lu hat Häuser gelegt. Was entdeckst du? Lege nach, schreibe und rechne im Heft.

8
☐ · 2
☐ · 4
☐ · 8

Kannst du auch ein Haus für die 20 legen?

Findest du noch weitere Häuser?

12

6

15

9

18

68

Übungsaufgaben zur Multiplikation

1 Finde zu jedem Haus zwei Malaufgaben.

2 Suche passende Häuser. Schreibe: 25 = 5 · 5

Häuser (Dächer): 36, 48, 24, 40, 64, 35, 72, 32, 8, 45, 16, 25
Aufgaben: 7·5, 2·8, 5·8, 8·4, 9·5, 2·4, 9·8, 6·4, 6·8, 8·8, 6·6, 5·5

3
a) 4·3 = ☐
   5·3 = 15
   6·3 = ☐
   7·3 = ☐

b) 4·4 = ☐
   5·4 = 20
   6·4 = ☐
   7·4 = ☐

c) 4·5 = ☐
   5·5 = 25
   6·5 = ☐
   7·5 = ☐

d) 10·4 = 40
   9·4 = ☐
   8·4 = ☐
   7·4 = ☐

e) 10·3 = 30
   9·3 = ☐
   8·3 = ☐
   7·3 = ☐

f) 10·6 = 60
   9·6 = ☐
   8·6 = ☐
   7·6 = ☐

4 Suche Aufgaben, die dir beim Lösen helfen.

a) ☐·☐ = ☐
   9·8 = ☐

b) ☐·☐ = ☐
   4·8 = ☐

c) ☐·☐ = ☐
   7·8 = ☐

d) ☐·☐ = ☐
   3·4 = ☐

e) ☐·☐ = ☐
   8·4 = ☐

f) ☐·☐ = ☐
   6·4 = ☐

g) ☐·☐ = ☐
   7·6 = ☐

h) ☐·☐ = ☐
   8·6 = ☐

Spielt mit! Ihr braucht 1 Würfel und für jeden eine Spielfigur. Denkt euch Spielregeln aus!

Spielfeld (START → ZIEL): 9, 4·5, 40, 7·6, 20, 3·3, 48, 5·8, 16, 8·6, 42, 3·8, 4·4, 28, 7·4, 6·8, 5·4, 8·4, 24, 100 ZIEL, 72, 64, 10·10, 8·8, 9·8, 54, 56, 35, 5·3, 7·8, 0, 7·5, 36, 15, 4·0, 6·5, 45, 9·6, 30, 6·6, 9·5, 32

5 Stelle Fragen und rechne.

a) Das Haus, in dem ich wohne, hat 7 Stockwerke. Auf jedem Stockwerk sind 4 Wohnungen.

b) In jeder Wohnung auf meinem Stockwerk wohnen 5 Personen.

Tipp: Löse mit Hilfe von Skizzen.

6
a) 12
   4·☐
   2·☐
   3·☐
   6·☐

   12
   4·3
   2·
   3·
   6·

b) 24
   3·☐
   6·☐
   8·☐
   4·☐

c) 30
   3·☐
   6·☐
   10·☐
   5·☐

d) 20
   ☐·5
   ☐·10
   ☐·2
   ☐·4

e) ☐
   36 − 4
   40 − 8
   24 + ☐
   28 + ☐

Die Neunerreihe

1 a) Veras Großeltern haben eine Bäckerei. Für das Klassenfest spendieren sie Mohnschnitten. Erzähle.

b) Vera überlegt, wie viel Kuchenstücke auf drei Platten passen:

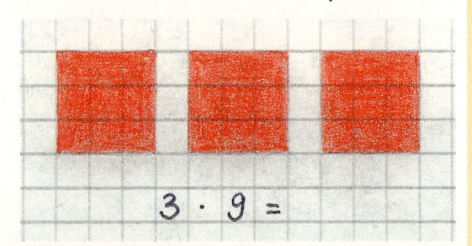

3 · 9 =

Zeichne und rechne wie Vera:
2 · 9 =
4 · 9 =
5 · 9 =

2 a) 2 · 9 = 　　b) 5 · 9 = 　　c) 10 · 9 =
　　4 · 9 = 　　　 6 · 9 = 　　　 9 · 9 =
　　8 · 9 = 　　　 7 · 9 = 　　　 8 · 9 =

　　d) 1 · 9 = 　　e) 10 · 9 = 　　f) 8 · 9 =
　　　 2 · 9 = 　　　 5 · 9 = 　　　 9 · 8 =
　　　 3 · 9 = 　　　　· 9 = 　　　10 · 8 =

3 Schreibe die Aufgaben der Neunerreihe in dein Heft. Beginne mit 0 · 9 = .

4 a) ☐ + 6 = 60　b) 40 − ☐ = 36　c) ☐ − 3 = 27
　　　☐ + 8 = 80　　 50 − ☐ = 45　　 ☐ − 2 = 18
　　　☐ + 9 = 90　　 70 − ☐ = 63　　 ☐ − 4 = 36
　　　☐ + 0 = 50　　100 − ☐ = 98　　 ☐ − 9 = 91

5 Die Großeltern haben 9 Platten mit Kuchen gebracht. Opa fragt sich, ob die Mohnschnitten für alle reichen:

In der Klasse 2e sind 27 Kinder, 53 Gäste wurden eingeladen. Die Lehrerin bekommt natürlich auch eine Mohnschnitte.

6 Als Veras Vater zum Fest kommt, staunt er: Es sind nur noch 4 Platten mit Kuchen da.

a) Wie viele Kuchenstücke sind das?

b) Wie viele Schnitten wurden schon gegessen?

7 *Die Neunerreihe ist eine ganz besondere Reihe! Was entdeckst du?*

a) Sabine hat auf der Hundertertafel schon einige 9er-Zahlen eingefärbt. Fällt dir etwas auf?

b) Mario meint: „9er-Zahlen sind besondere Zahlen. 18 besteht aus denselben Ziffern wie 81." Wie ist das bei den anderen 9er-Zahlen?

c) Lisa meint: „18 besteht aus den Ziffern 1 und 8. Diese ergeben zusammen 9." Untersuche weitere 9er-Zahlen.

d) Weshalb sind 28, 39, 67, 91 und 100 keine 9er-Zahlen?

e) Fällt dir bei dem Streifen rechts etwas auf?

9　18　27　36　45　54　63　72　81　90

0　9　18　27　36　45　54　63　72　81　90　99　108

Die Siebenerreihe

Tierkalender

Mo	Di	Mi	Do	Fr	Sa	So
						7
1	2	3	4	5	6	
8	9	10	11	12	13	14
15	16	17	18	19	20	21
22	23	24	25	26	27	28
29	30	31	1	2	3	4

1 Sabine hat einen Wochenkalender. Erzähle.

2 Seit Ende der Urlaubsreise hat Sabine fünf Blätter abgerissen. Wie viele Tage sind darauf?

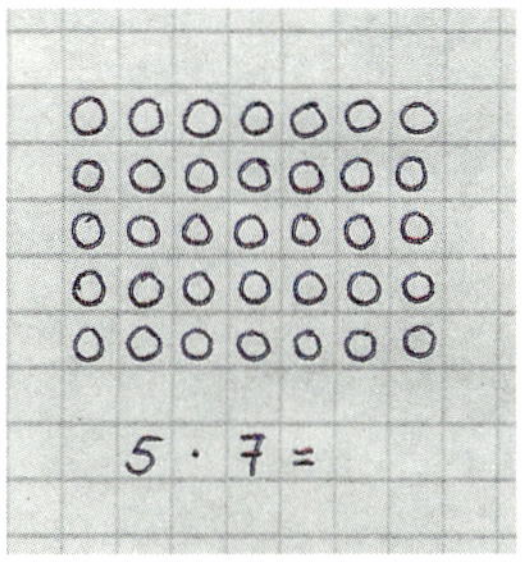

Zeichne und rechne wie Sabine.

5 · 7 =

a) 4 · 7 = ☐   b) 3 · 7 = ☐
   6 · 7 = ☐   2 · 7 = ☐

3 Fast alle 7er-Aufgaben kennst du schon.

5 · 7 = ☐   10 · 7 = ☐   1 · 7 = ☐
7 · 5 = ☐   7 · 10 = ☐   7 · 1 = ☐

3 · 7 = ☐   6 · 7 = ☐   9 · 7 = ☐
7 · 3 = ☐   ☐ · ☐ = ☐   ☐ · ☐ = ☐

2 · 7 = ☐   4 · 7 = ☐   8 · 7 = ☐
☐ · ☐ = ☐   ☐ · ☐ = ☐   ☐ · ☐ = ☐

4 a) 10 · 7 = ☐   b) 2 · 7 = ☐   c) 3 · 7 = ☐
      9 · 7 = ☐   4 · 7 = ☐   6 · 7 = ☐
      2 · 7 = ☐   8 · 7 = ☐   5 · 7 = ☐
      3 · 7 = ☐   7 · 7 = ☐   0 · 7 = ☐

5 Schreibe die Aufgaben der Siebenerreihe in dein Heft.
Beginne mit 0 · 7 = ☐.
Lerne die Kernaufgaben auswendig.

6

Wochen	1	2	3		5	6		8	9	
Tage	7			28			49			70

Übertrage die Tabelle in dein Heft und ergänze.

August

7 a) Heute ist Montag. Sabine freut sich: Tante Leonie hat geschrieben, dass sie in genau 28 Tagen kommen wird. Sabine überlegt, wie viele Kalenderblätter sie noch abreißen wird, bis ihre Tante kommt.

b) Als die Tante wieder abreist, hat Sabine 2 Kalenderblätter abgerissen und 3 Tage angekreuzt. Sie überlegt, wie viele Tage ihre Tante zu Besuch gewesen ist.

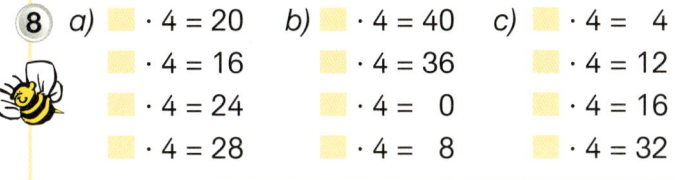

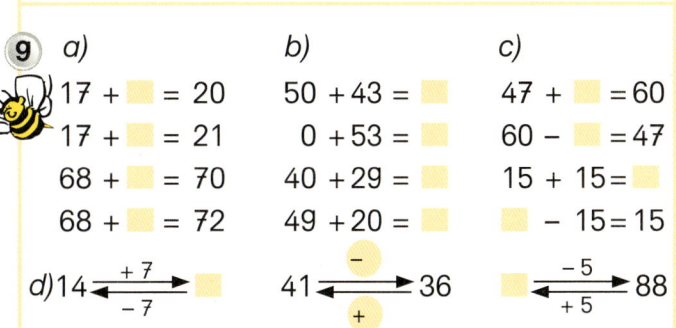

8 a) ☐ · 4 = 20   b) ☐ · 4 = 40   c) ☐ · 4 = 4
      ☐ · 4 = 16   ☐ · 4 = 36   ☐ · 4 = 12
      ☐ · 4 = 24   ☐ · 4 = 0   ☐ · 4 = 16
      ☐ · 4 = 28   ☐ · 4 = 8   ☐ · 4 = 32

9 a)   b)   c)
17 + ☐ = 20   50 + 43 = ☐   47 + ☐ = 60
17 + ☐ = 21   0 + 53 = ☐   60 − ☐ = 47
68 + ☐ = 70   40 + 29 = ☐   15 + 15 = ☐
68 + ☐ = 72   49 + 20 = ☐   ☐ − 15 = 15

d) 14 ⇄(+7/−7) ☐   41 ⇄(−/+) 36   ☐ ⇄(−5/+5) 88

| 0 | 7 | 14 | 21 | 28 | 35 | 42 | 49 | 56 | 63 | 70 | 77 | 84 |

Addition mit Zehner-Einer-Zahlen

1 Die Lehrerinnen der Klassen 2a und 2b kaufen Eintrittskarten fürs Kino.

Wie viele Kinder wollen zusammen ins Kino gehen? Suche einen Lösungsweg.

2 Hier siehst du immer die Eintrittskarten von zwei Klassen, die auch zusammen im Kino waren. Lege mit deinen Stäben und rechne.

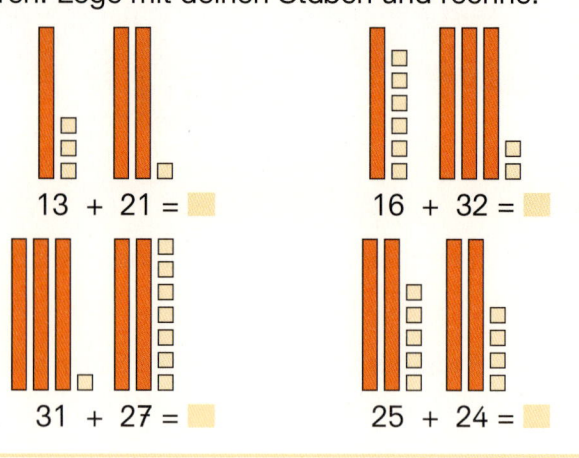

13 + 21 = ☐   16 + 32 = ☐

31 + 27 = ☐   25 + 24 = ☐

3 Kinder haben die Aufgabe 35 + 24 = ☐ gerechnet. Erkläre die Rechenwege.

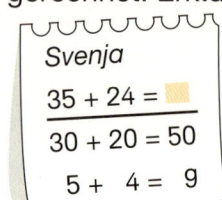

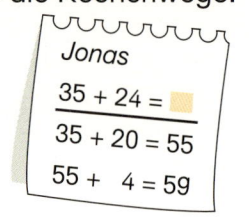

Svenja
35 + 24 = ☐
30 + 20 = 50
 5 + 4 = 9

Jonas
35 + 24 = ☐
35 + 20 = 55
55 + 4 = 59

Was haben sich Jens und Lina bei diesen Lösungen gedacht?

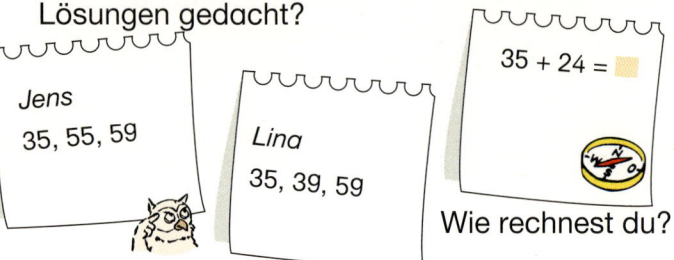

Jens
35, 55, 59

Lina
35, 39, 59

35 + 24 = ☐
Wie rechnest du?

4 Entscheide dich für einen Rechenweg und rechne.

a) 17 + 21 = ☐
   51 + 14 = ☐
   34 + 35 = ☐
   53 + 12 = ☐

b) 26 + 13 = ☐
   15 + 44 = ☐
   62 + 24 = ☐
   43 + 36 = ☐

5 Fällt dir hier etwas auf?

a) 36 + 43 = ☐
   35 + 44 = ☐
   15 + 34 = ☐
   14 + 35 = ☐

b) 25 + 24 = ☐
   26 + 24 = ☐
   63 + 35 = ☐
   63 + 37 = ☐

6 Nun kommen die Meisteraufgaben!

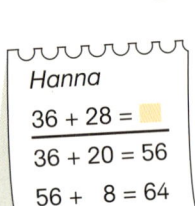

36 + 28 = ☐

Hanna
36 + 28 = ☐
36 + 20 = 56
56 + 8 = 64

Kevin
36, 56, 64

Silke
36 + 28 = ☐
30 + 20 = 50
 6 + 8 = 14

Wie rechnest du?

a) 48 + 16 = ☐
   46 + 18 = ☐
   55 + 37 = ☐
   56 + 36 = ☐

b) 63 + 29 = ☐
   53 + 39 = ☐
   43 + 49 = ☐
   33 + 59 = ☐

c) 34 + 48 = ☐
   29 + 52 = ☐
   18 + 23 = ☐
   28 + 23 = ☐

d) 25 + 25 = ☐
   24 + 26 = ☐
   47 + 47 = ☐
   48 + 46 = ☐

7 Hier wird verdoppelt.

a) 35 + 35 = ☐
   17 + 17 = ☐
   48 + 48 = ☐

b) 18 + 18 = ☐
   19 + 19 = ☐
   29 + 29 = ☐

c) 25 + 25 = ☐
   15 + 15 = ☐
   16 + 16 = ☐

d) 45 + 45 = ☐
   46 + 46 = ☐
   49 + 49 = ☐

8 Zahlenrätsel

a) Ich denke mir eine Zahl. Sie ist um 34 größer als 36.
b) Wenn ich meine Zahl verdopple, erhalte ich 92.
c) Zum Klassenfest kamen 42 Personen, davon waren die Hälfte Kinder.
d) Erfinde selbst solche Zahlenrätsel.

Subtraktion mit Zehner-Einer-Zahlen

1 Ulla hat 54 Cent im Geldbeutel. Sie nimmt 23 Cent heraus.
Wie viel Cent bleiben im Geldbeutel?

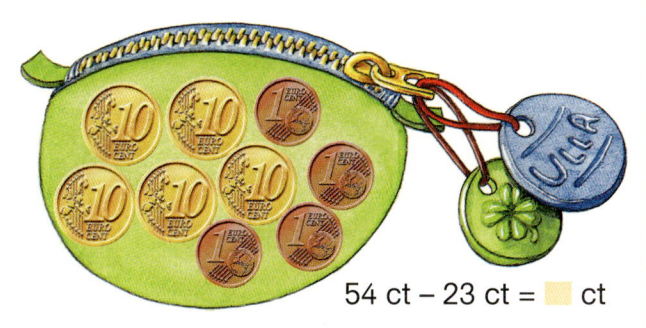

54 ct – 23 ct = ◼ ct

Lege mit deinem Rechengeld.
Suche Rechenwege.

2 Lege mit deinem Rechengeld und rechne.
Zeige deinem Partner, wie du gerechnet hast.

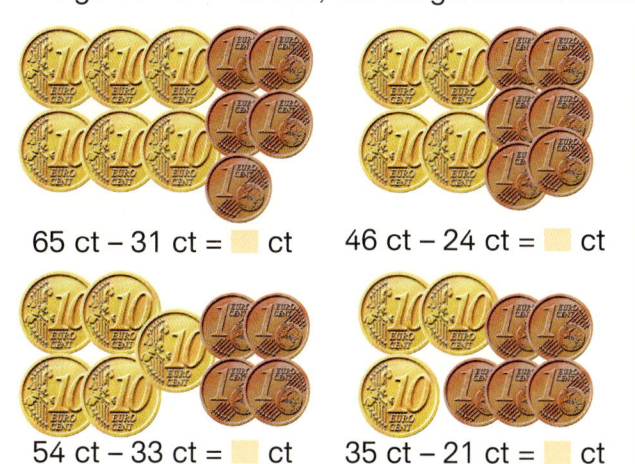

65 ct – 31 ct = ◼ ct   46 ct – 24 ct = ◼ ct

54 ct – 33 ct = ◼ ct   35 ct – 21 ct = ◼ ct

3 Kinder haben die Aufgabe 56 – 32 = ◼ gerechnet. Erkläre die Rechenwege.

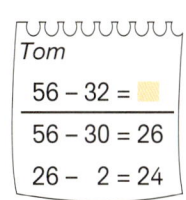

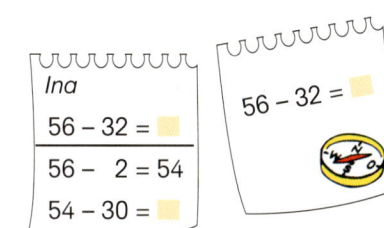

Tom
56 – 32 = ◼
56 – 30 = 26
26 – 2 = 24

Ina
56 – 32 = ◼
56 – 2 = 54
54 – 30 = ◼

56 – 32 = ◼
Wie rechnest du?

4 Entscheide dich für einen Rechenweg und rechne.

a) 43 – 21 = ◼
   38 – 17 = ◼
   64 – 42 = ◼

b) 75 – 54 = ◼
   86 – 35 = ◼
   92 – 51 = ◼

c) 88 – 44 = ◼
   39 – 18 = ◼
   44 – 22 = ◼

d) 27 – 17 = ◼
   63 – 42 = ◼
   57 – 35 = ◼

5 a) 56 – 20 – 2 = ◼
   73 – 50 – 1 = ◼
   86 – 40 – 6 = ◼
   65 – 30 – 4 = ◼

b) 46 – 30 – 1 = ◼
   94 – 60 – 3 = ◼
   69 – 60 – 9 = ◼
   78 – 50 – 0 = ◼

c) 55 – 40 – 0 = ◼
   97 – 0 – 0 = ◼
   59 – 40 – 8 = ◼
   26 – 20 – 6 = ◼

d) 38 – 20 – ◼ = 14
   41 – 40 – ◼ = 0
   99 – 90 – ◼ = 5
   67 – 40 – ◼ = 21

6 a) Anne hat 80 Cent im Geldbeutel. Sie nimmt 2 Münzen heraus und hat noch 65 Cent. Welche Münzen hat sie herausgenommen?

b) Felix kauft einen Spitzer für 75 Cent. Er bezahlt mit einem Geldstück und bekommt zwei Geldstücke zurück. Mit welchem Geldstück hat Felix bezahlt?

7 Fällt dir hier etwas auf?

a) 38 – 10 = ◼
   38 – 15 = ◼
   69 – 30 = ◼
   69 – 35 = ◼

b) 56 – 22 = ◼
   56 – 23 = ◼
   73 – 51 = ◼
   73 – 52 = ◼

c) 48 – 36 = ◼
   36 + ◼ = 48
   53 – 41 = ◼
   41 + ◼ = 53

d) 90 – ◼ = 43
   43 + ◼ = 90
   70 – ◼ = 11
   11 + ◼ = 70

8 Setze richtig ein. Hier bleibt immer eine Zahl übrig.

a) 47, 68, 21
   ◼ + ◼ = ◼

b) 34, 57, 23
   ◼ – ◼ = ◼

c) 34, 52, 75, 41
   ◼ + ◼ = ◼

d) 26, 62, 88, 31
   ◼ – ◼ = ◼

9 a) 16 = ◼ · 2
   16 = ◼ · 4

b) 18 = ◼ · 3
   18 = ◼ · 6

c) 24 = ◼ · 3
   24 = ◼ · 6

d) 24 = ◼ · 4
   24 = ◼ · 8

Lernen an Stationen: Wiederholung der Grundrechenarten

Wer will fleißige Handwerker sehn?

Maurer — Findest du die Regel?

70
30 40

48 20 68 27 80 53   60 37 89 21 58 29

Malerin — Findest du noch weitere Aufgaben zu meinen Lösungszahlen?

3 90 0 18
5 15 32
10 12 70
4 50

$3 \cdot 5 = \square$ $3 \cdot 4 = \square$ $7 \cdot 10 = \square$ $3 \cdot \square = 30$
$5 \cdot 10 = \square$ $9 \cdot 2 = \square$ $9 \cdot 10 = \square$ $5 \cdot 0 = \square$
$8 \cdot \square = 24$ $9 \cdot \square = 36$ $8 \cdot 4 = \square$ $7 \cdot \square = 35$

Schusterin
$4 \cdot 4$ $8 \cdot 2$ $6 \cdot 5$
$10 \cdot 2$ $5 \cdot 4$
$3 \cdot 10$
$3 \cdot 4$ $6 \cdot 2$
$10 \cdot 4$ $8 \cdot 5$
$3 \cdot 4 = \square$
$6 \cdot 2 = \square$

Schneider — Wie finde ich die fehlenden Zahlen?
10 18
0 2 4   10   40   70   50
0 10 20   25   36
10   12

Schreiner — Muss ich einige Zahlen heraushobeln?

$3 \cdot 4 = 16$ $8 \cdot 10 = 80$ $6 \cdot 10 = 66$
$9 \cdot 2 = 18$ $4 \cdot 4 = 20$ $6 \cdot 6 = 4$
$7 \cdot 4 = 24$ $5 \cdot 5 = 25$ $3 \cdot 5 = 14$
$0 \cdot 10 = 0$ $9 \cdot 5 = 50$ $9 \cdot 4 = 36$

Glaserin — $64 + 30 = \square$

59   85   47
94   69   28

$67 - 20$ $99 - 40$ $30 + 39$
$55 + 30$ $48 - 20$

Sachaufgaben: Balkendiagramm

Die Klasse 2a

1 Erzähle.

Geburtstage

Montag	III
Dienstag	IIII
Mittwoch	II
Donnerstag	IIII
Freitag	I
Samstag	IIII I
Sonntag	IIII

Lieblingstiere

🐕	🐈	🐦	🐟
IIII IIII	IIII II	IIII	IIII

Hobbys

📖	IIII
👟	IIII I
🎾	II
⚽	IIII
🧱	II
🎲	IIII II

2 Lu hat zu einem der drei Plakate Türme gebaut. Findest du es?

3 Nun hat Lu zu den Türmen ein Bild gezeichnet. Wir nennen es Balkendiagramm.

Erzähle.

Wo hast du Ähnliches schon einmal gesehen?

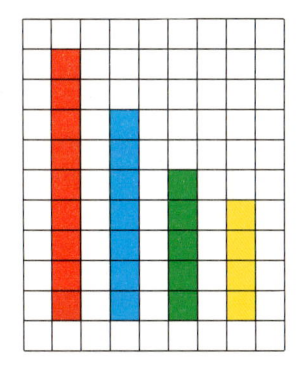

4 a) Erzähle zu den Hobbys der Kinder. Baue Türme wie Lu.
b) Zeichne auch das Balkendiagramm dazu.

5 a) Wie viele Kinder gehen in die Klasse 2a?
b) Wie viele Kinder der Klasse haben in diesem Jahr an einem Sonntag Geburtstag?

6 Was kannst du von diesen Balkendiagrammen ablesen?

a) b) 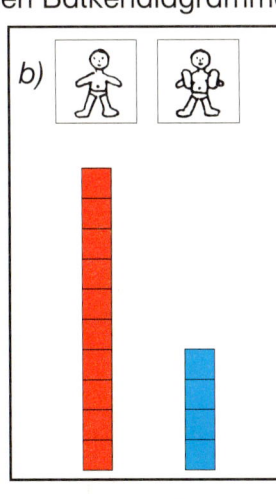 c) 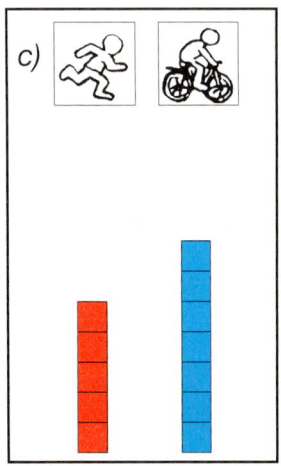 d)

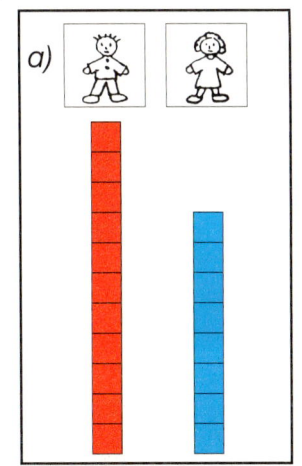

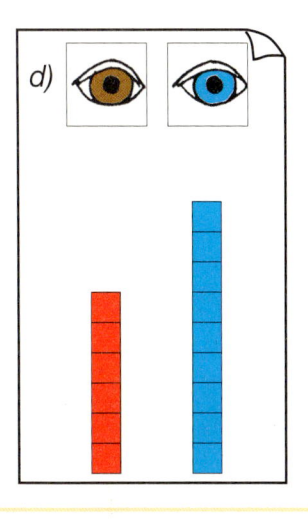

7 a) Frage die Kinder deiner Klasse, was sie in der Schule am liebsten machen.
b) Zeichne eine Strichliste an die Tafel.
c) Zeichne zu zwei Aktivitäten ein Balkendiagramm in dein Heft.

malen, turnen, singen, experimentieren, lesen, schreiben, knobeln, basteln, rechnen

8 a) ☐ + ☐ = 49   b) ☐ − ☐ = 54   c) 100 = ☐ + ☐   d) 73 = ☐ − ☐   e) ☐ + ☐ = ☐

75

Einführung der Division als Verteilen

1

Frau Knoll will Blumen setzen.

a) Erzähle.

b) Lege auf jeden Blumentopf ein Klötzchen. Verteile sie danach auf die 3 Blumenkästen.

c) F: Wie viele Blumen pflanzt Frau Knoll in jeden Kasten?

R: 12 : 3 = ☐

A: Frau Knoll kann in jeden Kasten ☐ Blumen pflanzen.

2

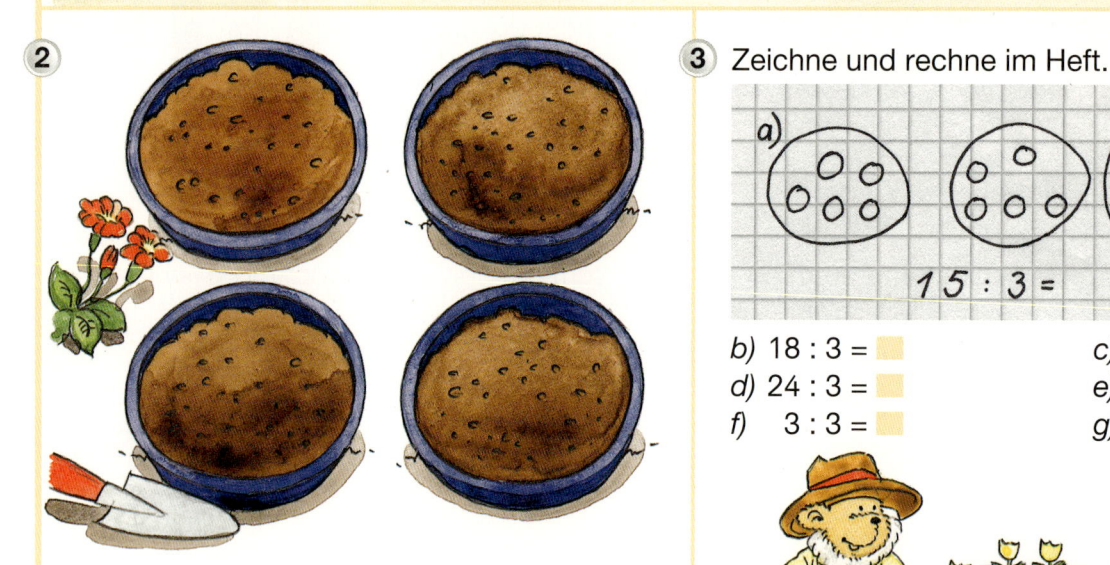

Frau Knoll möchte auch diese Schalen bepflanzen. Nimm Klötzchen und lege die Aufgaben:

a) 12 : 4 = ☐
b) 16 : 4 = ☐
c) 8 : 4 = ☐
d) 4 : 4 = ☐
e) 20 : 4 = ☐
f) 0 : 4 = ☐

3 Zeichne und rechne im Heft.

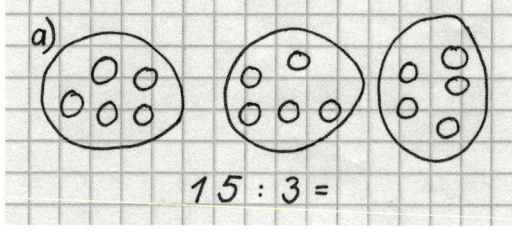

a) 15 : 3 =

b) 18 : 3 = ☐
c) 6 : 3 = ☐
d) 24 : 3 = ☐
e) 12 : 3 = ☐
f) 3 : 3 = ☐
g) 9 : 3 = ☐

Welche Aufgabe hat sich Lu ausgedacht?

4
a) 10 : 2 = ☐
  12 : 2 = ☐
b) 20 : 2 = ☐
  18 : 2 = ☐
c) 15 : 5 = ☐
  20 : 5 = ☐
d) 10 : 5 = ☐
  5 : 5 = ☐

5
a) 15 = ☐ · 5
  30 = ☐ · 5
  35 = ☐ · 5
b) 30 = ☐ · 10
  60 = ☐ · 10
  70 = ☐ · 10
c) 12 = ☐ · 6
  18 = ☐ · 6
  6 = ☐ · 6
d) 0 = ☐ · 8
  16 = ☐ · 8
  32 = ☐ · 8

Einführung der Division als Aufteilen

1 Wir stecken Sonnenblumen

Unsere Lehrerin brachte uns heute 24 Sonnenblumenkerne mit. Wir legten immer 4 Kerne in einen großen Topf und bedeckten sie mit Erde.
Wir benötigten ☐ Töpfe.
Felix

a) Finde heraus, wie viele Töpfe Felix' Klasse benötigte. Du kannst deine Steckwürfel zur Hilfe nehmen oder eine Skizze machen.

b) Besprich deinen Lösungsweg mit deinen Partnern.

2 Die Kinder haben auch Kürbisse ausgesät. 18 Samen sind aufgegangen. Nun brauchen die Pflänzchen Platz zum Wachsen. Deshalb setzen die Kinder immer 6 Sämlinge in eine Topfplatte.

Wie viele Topfplatten werden benötigt?

So löst Tim die Aufgabe:

18 : 6 = ☐

Tim rechnet 18 : 6 = ☐. Nun weiß er, dass ☐ Topfplatten benötigt werden.
Erkläre Tims Rechenweg.

Nimm Steckwürfel und löse die folgenden Aufgaben. Schreibe die Rechnungen in dein Heft.

a) 9 : 3 = ☐   b) 8 : 4 = ☐   c) 20 : 5 = ☐
   6 : 3 = ☐   4 : 4 = ☐   15 : 5 = ☐

3 Hanni hat Tomaten ausgesät. 12 Sämlinge sind aufgegangen. Immer 4 Sämlinge passen in eine Topfplatte. Hanni überlegt, wie viele Topfplatten sie braucht.

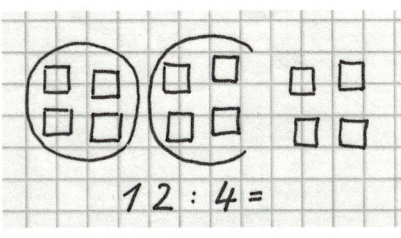

12 : 4 =

Hanni braucht ☐ Topfplatten.

Zeichne und rechne wie Hanni:

a) 16 : 4 = ☐   b) 12 : 3 = ☐   c) 9 : 3 = ☐
   24 : 4 = ☐   15 : 3 = ☐   18 : 3 = ☐

d) 0 : 5 = ☐   e) 18 : 6 = ☐   f) 6 : 6 = ☐
   25 : 5 = ☐   24 : 6 = ☐   12 : 6 = ☐

4 a) 10 : 2 = ☐   b) 20 : 2 = ☐   c) 12 : 4 = ☐
      12 : 2 = ☐   18 : 2 = ☐   24 : 4 = ☐

d) 40 : 8 = ☐   e) 80 : 8 = ☐   f) 40 : 4 = ☐
   48 : 8 = ☐   72 : 8 = ☐   36 : 4 = ☐

g) 30 : 6 = ☐   h) 20 : 5 = ☐   i) 10 : 10 = ☐
   36 : 6 = ☐   25 : 5 = ☐   10 : 1 = ☐

5 a) 15 = ☐ · 5   b) 12 = ☐ · 6   c) 16 = ☐ · 8
      20 = ☐ · 5   18 = ☐ · 6   32 = ☐ · 8
      30 = ☐ · 10   80 = ☐ · 8   15 = ☐ · 3
      60 = ☐ · 10   40 = ☐ · 8   18 = ☐ · 3

d) 12 = ☐ · 3   e) 40 = ☐ · 4   f) 60 = ☐ · 6
   24 = ☐ · 3   36 = ☐ · 4   54 = ☐ · 6
   30 = ☐ · 3   48 = ☐ · 8   21 = ☐ · 3
   30 = ☐ · 6   40 = ☐ · 8   24 = ☐ · 3

Umkehraufgaben – Division

1 Frau Becker hat Sommertagsbrezeln für die Klasse 2a gebacken. Für jeden Gruppentisch macht sie eine Tüte mit vier Brezeln zurecht.

a) Erzähle zu dem Bild.
b) Nimm deine Klötzchen und löse.
　　☐ : ☐ = ☐, denn ☐ · ☐ = ☐
c) Wie viele Tüten müsste Frau Becker für deine Klasse richten?

2 Zeichne und rechne im Heft.

a) 12 : 4 = ☐, denn ☐ · 4 = 12
　 15 : 3 = ☐, denn ☐ · 3 = 15
　 14 : 2 = ☐, denn ☐ · 2 = 14

b) 24 : 8 = ☐, denn ☐ · 8 = 24
　 42 : 6 = ☐, denn ☐ · 6 = 42
　 36 : 4 = ☐, denn ☐ · 4 = 36

c) 72 : 8 = ☐, denn ☐ · 8 = 72
　 36 : 6 = ☐, denn ☐ · 6 = 36
　 25 : 5 = ☐, denn ☐ · 5 = 25

3 Bei einem Sommertagsumzug gehen 24 Kinder in Dreierreihen. Wie viele Reihen sind es?

4
28 : 4 = ☐, denn ☐ · 4 = 28
54 : 6 = ☐, denn ☐ · 6 = 54
64 : 8 = ☐, denn ☐ · 8 = 64
☐ : 4 = ☐, denn ☐ · ☐ = 32
☐ : 4 = ☐, denn ☐ · ☐ = 16

☐ : ☐ = ☐, denn ☐ · ☐ = ☐

5
a) 25 + 30 = ☐
　 25 + 32 = ☐
　 48 + 40 = ☐
　 48 + 41 = ☐

b) 69 − 30 = ☐
　 69 − 33 = ☐
　 72 − 30 = ☐
　 72 − 32 = ☐

c) 100 − 60 = ☐
　 100 − 62 = ☐
　 100 − 15 = ☐
　 100 − 0 = ☐

6

Rezept für leckere Sommertagsbrezeln

Weiche Butter, Milch, Zucker und Hefe in einer Schüssel vermischen und zugedeckt 15 Minuten aufgehen lassen. Ei und Mehl mit dem Vorteig verkneten. Auf einem Backblech 15 schöne Brezeln formen, noch einmal aufgehen lassen, mit etwas Milch bestreichen und bei 180 Grad im Ofen 20 Minuten hellbraun backen. Nach dem Abkühlen gleich verpacken.

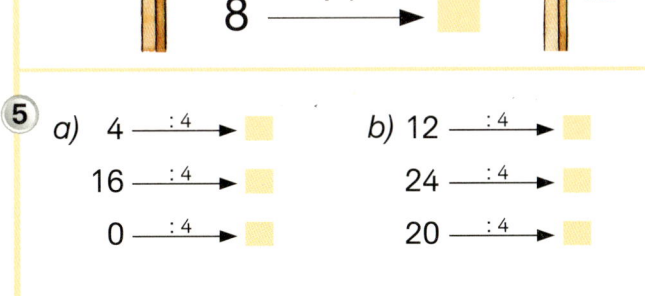

Multiplikation und Division im Operatormodell

1 „Bi ba bei, jetzt mal drei." „dreimal so viel"

2 —·3→ ☐   2 —·3→ ☐

2 a) 10 —·3→ ☐   b) 3 —·3→ ☐
       9 —·3→ ☐   6 —·3→ ☐
       8 —·3→ ☐   7 —·3→ ☐

c) 5 —·3→ ☐
   4 —·3→ ☐
   0 —·3→ ☐

„Hier fehlen noch zwei Aufgaben! Findest du sie?"

3

·5		
5	2	5
6		
7		
2		
4		
8		

·4	
10	
9	
8	
6	
7	

·8	
2	
4	
8	
10	
0	

Denke dir selbst Aufgaben mit —·6→ aus und schreibe sie in dein Heft.

4 „Pi pa pier, jetzt durch vier."   „geteilt durch vier"

8 —:4→  ☐   8 —:4→ ☐

5 a) 4 —:4→ ☐   b) 12 —:4→ ☐
      16 —:4→ ☐   24 —:4→ ☐
       0 —:4→ ☐   20 —:4→ ☐

c) 15 —:5→ ☐   d) 25 —:5→ ☐
    5 —:5→ ☐   30 —:5→ ☐
   20 —:5→ ☐   45 —:5→ ☐

6

:2	
6	
12	
24	
18	
14	

:6	
30	
60	
54	
36	
48	

:4	
36	
32	
4	
24	
28	

Denke dir selbst Aufgaben mit —:3→ aus und schreibe sie in dein Heft.

7 Löse mit der Umkehraufgabe.

a) ☐ ⇄ 14 (·2 / :2)   b) ☐ ⇄ 20 (·4 / :4)   c) ☐ ⇄ 64 (·8 / :8)   d) ☐ ⇄ 21 (·3 / :3)

   ☐ ⇄ 18 (·2 / :2)   ☐ ⇄ 16 (·4 / :4)   ☐ ⇄ 56 (·8 / :8)   ☐ ⇄ 27 (·3 / :3)

Lernen an Stationen: Division und Multiplikation

1 Löse im Heft.

a) $50 = \square \cdot 10$
$16 = \square \cdot 4$
$24 = \square \cdot 6$
$40 = \square \cdot 8$

b) $18 = \square \cdot 2$
$21 = \square \cdot 3$
$32 = \square \cdot 8$
$15 = \square \cdot 5$

c) $14 : 2 = \square$
$20 : 4 = \square$
$36 : 6 = \square$
$60 : 6 = \square$

d) $24 : 4 = \square$
$24 : 8 = \square$
$50 : 5 = \square$
$45 : 5 = \square$

2
$15 : 5 = \square$
$30 : 5 = \square$
$12 : 6 = \square$
$24 : 6 = \square$
$24 : 8 = \square$
$48 : 8 = \square$
$9 : 3 = \square$
$18 : 3 = \square$
$20 : 5 = \square$
$40 : 5 = \square$

3

:4		
8		
16		
24		
32		

	:6	
	18	
	60	
	54	
	48	

a) $2 \cdot 4 = \square$
$3 \cdot 2 = \square$

b) $10 : 10 = \square$
$15 : 3 = \square$

c) $35 : 5 = \square$
$12 : 6 = \square$
$32 : 4 = \square$
$20 : 5 = \square$

d) $100 : 10 = \square$
$54 : 6 = \square$
$48 : 8 = \square$
$25 : 5 = \square$

4 Wo befindet sich Lu? Suche den Lösungssatz.
$2 \cdot 4 = 8$
$3 \cdot 2 = 6$

5
$4 \cdot 3 = 12$
$4 \cdot 8 = \square$

Umrissfiguren mit Grundformen auslegen

1 Lege Rakete und Stern mit Plättchen aus. Vergleiche mit deinem Partner.

2
a) Lege den Stern mit möglichst wenig Plättchen aus. Vergleiche mit deinem Partner.
b) Legt nun gemeinsam mit möglichst vielen Plättchen aus.

4 Erfinde weitere Raketen und lege sie mit deinen Plättchen aus.

3 Welche der unteren Raketen ist am größten?
a) Schätze zuerst.
b) Nimm Plättchen von derselben Sorte und lege die Raketen aus.

5

40 − 4 − 4 = ☐
40 − 8 − 8 = ☐
42 − 6 − 6 = ☐

16 + 4 + 4 = ☐
32 + 8 + 8 = ☐
54 + 6 + 6 = ☐

21 + 3 + ☐ = 27
24 + 4 + ☐ = 32
42 + 6 + ☐ = 54

81

Muster und Ornamente

1 Nimm kleine Dreiecke und lege das Quadrat aus.

2 Nimm deine Plättchen und lege nach. Manche Muster kannst du auch fortsetzen.

3 Erfinde auch eigene Muster. Lass sie von deinem Partner nachlegen.

82

Figuren mit Grundformen auslegen

1. Nimm deine Plättchen und lege den Turm aus. Vergleiche mit deinem Nachbarn.

2. Lege die Kirche mit den angegebenen Plättchen aus. Notiere dein Ergebnis in einer Tabelle im Heft.

3. Sarah hat das Haus ausgelegt. Sie hat vier Möglichkeiten gefunden und notiert. Lege nach.

Fällt dir etwas auf?

	◢	◣	◿
1	–	1	2
–	2	1	2
–	2	–	4
1	–	–	4

4. Lege das blaue Haus auch so aus:

Kannst du mit den gleichen Plättchen auch die Kirche auslegen?

5. Lege die roten Tiere nach.

Sachaufgaben: Ein Tag mit dem Förster

1 Die Klasse 2c verbringt einen Tag mit dem Förster.

12 Eichen   15 Fichten
24 Tannen   20 Buchen   18 Ahorn

Am Morgen verteilt der Förster Kisten mit Bäumchen und erklärt den Kindern, wie sie die Bäumchen pflanzen sollen.

Gruppe 1: „Pflanzt immer 3 Eichen in eine Reihe!"

Gruppe 2: „Setzt Ahornbäumchen in 6 Reihen!"

Gruppe 3: „Pflanzt Reihen mit jeweils 4 Buchen!"

Die Kinder zeichnen sich zuerst Pläne:

Gruppe 1   ○○○
           ○○○
           ○○○
           ○○○   □·□=□

Zeichne und rechne für die anderen Gruppen.

2 Am Nachmittag dürfen die Kinder im Forstgarten Blumen setzen.

28 Astern   9 Anemonen   16 Lupinen

a) Sie haben noch viele Fragen. Findest du sie?

Gruppe 1: „Wir setzen Astern in 4 Reihen."   Frage ?

Gruppe 2: „In jede Reihe sollen 4 Lupinen".   Frage ?

Gruppe 3: „Wir sollen 3 Reihen bepflanzen."   Frage ?

b) Die Kinder wollen sich wieder Pläne zeichnen. Hilf ihnen.

3 Der Förster pflanzt mit einer Kindergruppe 24 Tannen in 3 Reihen. Wie viele Bäumchen stehen in einer Reihe?

4 Die Lehrerin setzt mit einer Kindergruppe immer 5 Fichten in eine Reihe. In der Kiste sind 15 Fichten. Wie viele Reihen gibt es?

5 Hier siehst du, wie Kinder Bäumchen gesetzt haben. Welche Bäumchen hat die Gruppe 4, welche die Gruppe 5 und welche die Gruppe 6 gepflanzt?

Birken   Linden   Eiben

Gruppe 4: „Wir haben unsere Bäumchen in 3 Reihen gesetzt."

Gruppe 5: „Wir pflanzten die meisten Bäumchen."

Gruppe 6: „Bei uns stehen jetzt immer 5 Bäumchen in einer Reihe."

Knack- und Knobelaufgaben, Rechenvorteile

Was entdeckst du?

15 + 15 = ☐   14 + 14 = ☐
15 + 16 = ☐   15 + 14 = ☐
15 + 17 = ☐   15 + 13 = ☐
17 + 15 = ☐   15 + 12 = ☐

20 + 20 = ☐   30 + 30 = ☐
19 + 20 = ☐   29 + 31 = ☐
20 + 19 = ☐   28 + 32 = ☐
20 + 18 = ☐   27 + 33 = ☐

40 + 40 = ☐
39 + 41 = ☐   Denke dir
38 + 42 = ☐   weitere
37 + 43 = ☐   Aufgaben
               aus!

… gute Idee, diese Schnitzeljagd!

Nanu!!!

30 + 20 − 6 = **44**
30   20   6 = **56**
30   20   6 = **16**
30   20   6 = **4**

Ich sehe sofort, welche Ergebnisse falsch sind!

Setze ein und suche auch hier jeweils 4 Ergebniskärtchen!

54 + 43 = ☐   87 97 96
61 + 17 = ☐   78 88 79
80 − 31 = ☐   51 59 49
25 + 34 = ☐   69 58 59

Helft ihr uns?

17 + 9 = ☐
14 + 9 = ☐
18 + 9 = ☐
16 + 9 = ☐

Ja! Was fällt euch hier auf?

Ich zeige euch den Trick!

17 —+9→ ☐
17 +10 ☐ −1 ☐

übe:
a) 27 +9   b) 34 +9
   36 +9   65 +9
   58 +9   82 +9
   54 +9   73 +9

38 —+19→ ☐
38 +20 ☐ −1 ☐

a) 64 +19   b) 47 +29
   35 +19   48 +39
   56 +19   56 +19
   43 +19   17 +49

17 + 9
14 + 9
18 + 9
16 + 9

26
23
27
25

85

Längen vergleichen und messen

1 Ines und ihre Klassenkameraden sind verschieden groß. Vergleiche.

Übertrage das Pfeilbild in dein Heft und trage die Pfeile ein! Zeichne auch ein Pfeilbild für deine Tischgruppe!

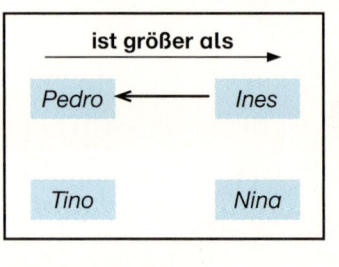

ist größer als →

Pedro ← Ines

Tino   Nina

2 Vergleiche die Farbstifte.
Welche Stifte sind länger als Jans Stift, welche kürzer und welche genauso lang?

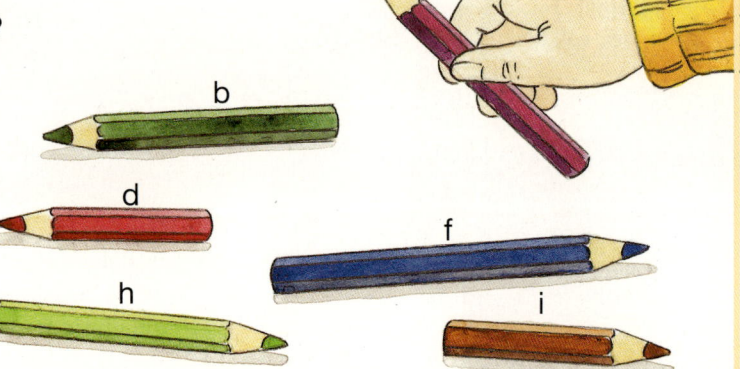

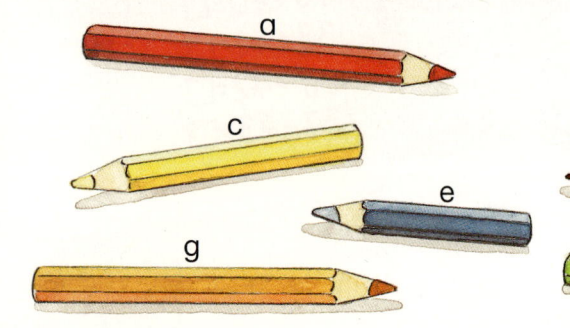

a, b, c, d, e, f, g, h, i

3 Auch damit kann man messen:

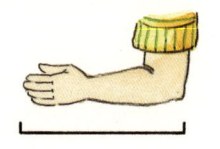

a) Ordne richtig zu: Fuß | Spanne | Elle | Daumenbreite | Handbreite | Schritt

b) Mit welchem Maß würdest du messen?

Länge des Klassenzimmers | Breite der Tür
Breite des Schulhofes | Breite des Fensters
Höhe der Tafel | Länge der Turnhalle

c) Womit kann man noch messen?

4 Suche Gegenstände, die ungefähr so lang sind wie …

eine Spanne | ein Fuß | eine Daumenbreite
eine Elle | ein Schritt | eine Handbreite

5 Übertrage die Tabellen in dein Heft.
Schätze und miss aus.

Wir messen mit Spannen:

	geschätzt	gemessen
Breite des Tisches		
Breite des Schrankes		

Wir messen mit Schritten:

	geschätzt	gemessen
Länge des Klassenzimmers		
Länge des Flurs		

Wir messen die Länge unseres Tisches:

	mit dem Bleistift	mit dem Heft	mit dem Zehnerstab
geschätzt			
gemessen			

Längen messen

1

Waldweg
Felsenweg
Blumenweg

a) Betrachte die Wege durch den Park und erzähle.

b) Vergleiche die drei Wege. Welcher Weg ist der längste, welcher der kürzeste? Schätze.

c) Lege die Wege nacheinander mit Einerklötzchen aus. Schreibe die Weglängen auf:

Felsenweg: ▢ Klötzchen

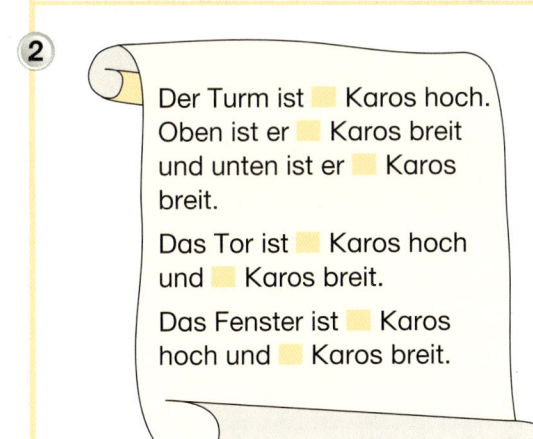

2

Der Turm ist ▢ Karos hoch. Oben ist er ▢ Karos breit und unten ist er ▢ Karos breit.

Das Tor ist ▢ Karos hoch und ▢ Karos breit.

Das Fenster ist ▢ Karos hoch und ▢ Karos breit.

a) Vervollständige den Text.
b) Übertrage die Zeichnung in dein Heft.
c) Erfinde einen eigenen Turm und lass ihn deinen Partner ausmessen.

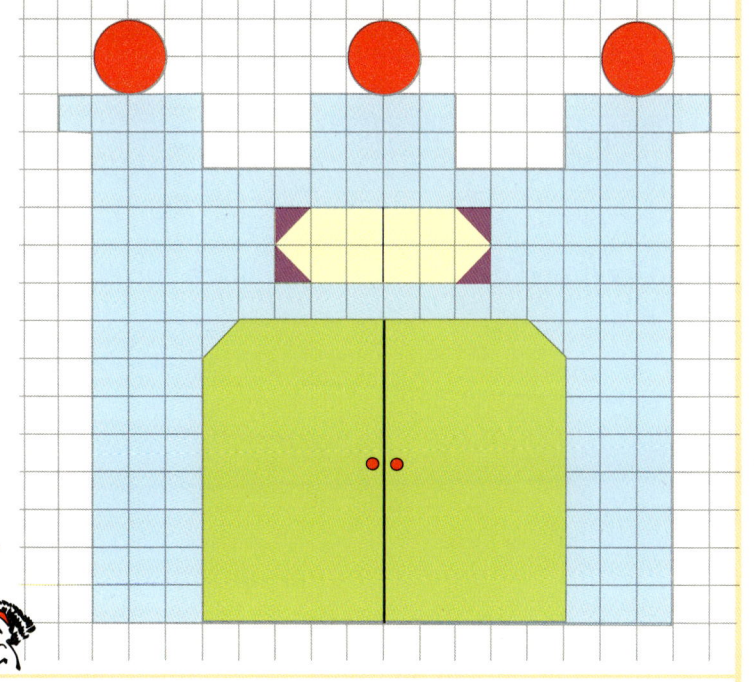

3

a) 40 − 4 − ▢ = 32
   60 − ▢ − 0 = 54
   70 − 20 − 3 = ▢

b) 54 + ▢ = 70
   63 + ▢ = 100
   100 − ▢ = 72

c)
+	4	6	7
46			
86			

d)
−	6	7	8
10			
100			

e) ▢ · ▢ = 24
   ▢ : ▢ = 3

87

Messen mit Zentimetern

1 Erzähle.

Für 1 Zentimeter schreiben wir kurz: **1 cm**

Suche weitere Gegenstände im Klassenzimmer, die ungefähr 1 cm lang, breit oder hoch sind.

2 Uli misst mit dem Lineal die Längen des Füllers und des Bleistiftspitzers. Er legt richtig bei der Null an.

Der Füller ist ▨ cm lang.

Der Spitzer ist ▨ cm lang.

3 Schätze die Länge der Gegenstände und miss dann.

4 Die rote Strecke ist 6 cm lang.

Zeichne folgende Strecken in dein Heft.

a) 4 cm   b) 7 cm   c) 11 cm   d) 2 cm
e) 9 cm   f) 5 cm   g) 15 cm   h) 8 cm

5 Wie lang sind diese Strecken? Schätze zuerst, dann miss.

	geschätzt	gemessen
a)	▨ cm	▨ cm
b)	▨ cm	▨ cm

6 Schätze die Länge deines Mäppchens. Dann miss und vergleiche.

7
a) 27 $\xrightarrow{+9}$ ▨
27 $\xrightarrow{+10}$ ▨ $\xrightarrow{-1}$ ▨
56 $\xrightarrow{+19}$ ▨
56 $\xrightarrow{+20}$ ▨ $\xrightarrow{-1}$ ▨

b) 36 $\xrightarrow{+9}$ ▨
86 $\xrightarrow{+9}$ ▨
72 $\xrightarrow{+19}$ ▨
48 $\xrightarrow{+29}$ ▨

Messen und Rechnen mit Zentimetern

1 Erzähle.

2 Die Kinder der Klasse 2b haben Bohnen gesteckt. Nach ein paar Tagen haben sie die Länge der Bohnenpflanzen gemessen. Schätze zuerst, ordne dann zu.

8 cm   4 cm   7 cm
3 cm   9 cm   5 cm

3 Nach einigen Tagen messen die Kinder ihre Bohnen wieder.
Janas Bohne ist 5 cm gewachsen.

3 cm   5 cm
3 cm + 5 cm = ▨ cm

Zeichne und rechne dann wie im Beispiel.

Amelie: um 4 cm gewachsen.
Felix: um 6 cm gewachsen.
Mirjam: um 3 cm gewachsen.
Lukas: Länge verdoppelt.
Mathis: um 7 cm gewachsen.

4 a) Die Kinder haben für ihre Bohnen ein Bohnentagebuch geführt. Erzähle.

Bohnentagebuch von Amelie

1. März	4. März	7. März	12. März	15. März
4 cm	7 cm	9 cm	11 cm	12 cm

Bohnentagebuch von Lukas

1. März	4. März	7. März	12. März	15. März
0 cm	5 cm	8 cm	10 cm	13 cm

b) Felix hat für seine Bohne ein Balkendiagramm gezeichnet.

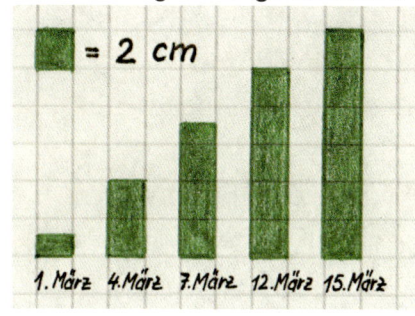

▨ = 2 cm

1. März 4. März 7. März 12. März 15. März

c) Zeichne auch ein Balkendiagramm für Amelie und Lukas.

5
a) 40 + 40 = ▨   b) 39 + ▨ = 42   c) 23 − ▨ = 19   d) 80 − 20 = ▨   e) 27 + ▨ = 30   f) ▨ + ▨ = 0
   45 + 45 = ▨   49 + ▨ = 52   23 − ▨ = 18   80 − 24 = ▨   27 + ▨ = 40   ▨ + ▨ = 40
   46 + 45 = ▨   68 + ▨ = 72   23 − ▨ = 23   90 − 40 = ▨   46 + ▨ = 50   ▨ − ▨ = 23
   46 + 46 = ▨   88 + ▨ = 92   23 − 0 = ▨   90 − 41 = ▨   46 + ▨ = 60   ▨ − ▨ = 86

6 Kannst du die Rätsel lösen und die fehlenden Zahlen eintragen?

a)
16		20
	4	10
22	8	

45	6	
		35	40
50		91

18		38
	14	
24	34	

b)
2	5	10
4		4
8		40

3		9
	2	4
6		

4		0
	8	0
0		

89

Schätzen, Messen und Rechnen mit Dezimetern

1

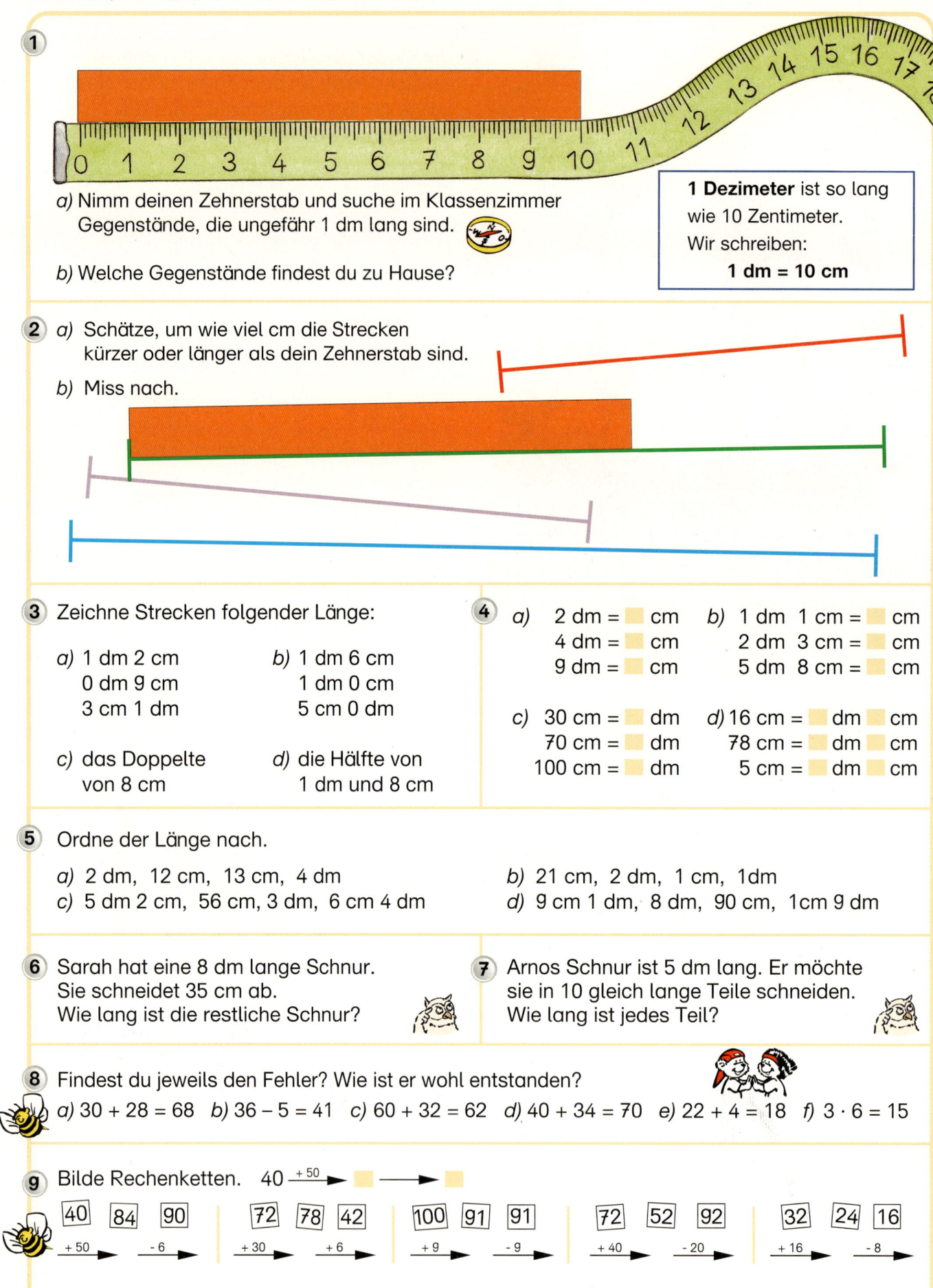

a) Nimm deinen Zehnerstab und suche im Klassenzimmer Gegenstände, die ungefähr 1 dm lang sind.

b) Welche Gegenstände findest du zu Hause?

> **1 Dezimeter** ist so lang wie 10 Zentimeter.
> Wir schreiben:
> **1 dm = 10 cm**

2 a) Schätze, um wie viel cm die Strecken kürzer oder länger als dein Zehnerstab sind.

b) Miss nach.

3 Zeichne Strecken folgender Länge:

a) 1 dm 2 cm
0 dm 9 cm
3 cm 1 dm

b) 1 dm 6 cm
1 dm 0 cm
5 cm 0 dm

c) das Doppelte von 8 cm

d) die Hälfte von 1 dm und 8 cm

4
a) 2 dm = ☐ cm
4 dm = ☐ cm
9 dm = ☐ cm

b) 1 dm 1 cm = ☐ cm
2 dm 3 cm = ☐ cm
5 dm 8 cm = ☐ cm

c) 30 cm = ☐ dm
70 cm = ☐ dm
100 cm = ☐ dm

d) 16 cm = ☐ dm ☐ cm
78 cm = ☐ dm ☐ cm
5 cm = ☐ dm ☐ cm

5 Ordne der Länge nach.

a) 2 dm, 12 cm, 13 cm, 4 dm
b) 21 cm, 2 dm, 1 cm, 1 dm
c) 5 dm 2 cm, 56 cm, 3 dm, 6 cm 4 dm
d) 9 cm 1 dm, 8 dm, 90 cm, 1 cm 9 dm

6 Sarah hat eine 8 dm lange Schnur. Sie schneidet 35 cm ab. Wie lang ist die restliche Schnur?

7 Arnos Schnur ist 5 dm lang. Er möchte sie in 10 gleich lange Teile schneiden. Wie lang ist jedes Teil?

8 Findest du jeweils den Fehler? Wie ist er wohl entstanden?

a) 30 + 28 = 68   b) 36 − 5 = 41   c) 60 + 32 = 62   d) 40 + 34 = 70   e) 22 + 4 = 18   f) 3 · 6 = 15

9 Bilde Rechenketten.   40 —+50→ ☐ —→ ☐

| 40 | 84 | 90 | | 72 | 78 | 42 | | 100 | 91 | 91 | | 72 | 52 | 92 | | 32 | 24 | 16 |
| +50 | −6 | | | +30 | +6 | | | +9 | −9 | | | +40 | −20 | | | +16 | −8 | |

10 Suche die Fehler und verbessere. Wie sind die Fehler wohl entstanden?

a) 3 · 6 = 21   b) 40 : 8 = 6   c) 33 − 7 = 27   d) 89 + 6 = 96   e) 24 = 4 · 8

Messen mit Metern und Zentimetern

1 a) Erzähle.

1 Meter = 100 cm

Wir messen mit dem Meterstab

	geschätzt	gemessen
Höhe der Tür		
Höhe des Schrankes		
Länge des Klassenzimmers		
Breite des Klassenzimmers		

b) Übertrage die Tabelle an der Tafel in dein Heft und ergänze sie für dein Klassenzimmer.

c) Auf dem Bild siehst du, wie hoch 1 m bei Ulla reicht. Wie hoch reicht 1 m bei dir?

2 Welche Längenangabe passt? Ordne zu.

a) Länge eines Klassenzimmers | Länge einer Turnhalle | Höhe eines Zimmers

etwa 30 m | etwa 3 m | etwa 2 m | etwa 10 m

b) Länge eines Sportplatzes | Länge eines Fahrrades | Breite eines Fußballtores

etwa 30 m | etwa 100 m | etwa 7 m | etwa 2 m

3 Wie viel fehlt bis zu einem Meter?

1 m
50 cm
Bohnen

Ergänze auf einen Meter.

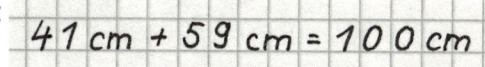

Beispiel: 41 cm + 59 cm = 100 cm

a) 34 cm
   56 cm

b) 59 cm
   89 cm

c) 81 cm
   2 cm

d) 17 cm
   20 cm

e) 97 cm
   43 cm

f) 76 cm
   24 cm

4
a) 58 − 20 = ☐
   41 − 30 = ☐
   79 − 40 = ☐
   89 − 50 = ☐

b) 8 + 8 = ☐
   28 + 8 = ☐
   7 + 7 = ☐
   77 + 7 = ☐

c) ☐ = 9 + 9
   ☐ = 19 + 9
   ☐ = 41 − 2
   ☐ = 51 − 2

d) ☐ + 2 = 70
   70 − 2 = ☐
   ☐ + 4 = 90
   90 − 4 = ☐

e) 30 + 52 = ☐
   40 + ☐ = 64
   ☐ + 32 = 72
   ☐ + 32 = 82

f) ☐ + ☐ = 84
   ☐ + ☐ = 100
   ☐ − ☐ = 42
   ☐ − ☐ = 15

5
38 $\xrightarrow{+2}$ ☐ $\xrightarrow{+2}$ ☐
86 $\xrightarrow{+}$ 91 $\xrightarrow{+}$ 100

54 $\xrightarrow{+6}$ ☐ $\xrightarrow{+2}$ ☐
39 $\xrightarrow{+}$ 44 $\xrightarrow{+}$ 51

90 $\xrightarrow{-4}$ ☐ $\xrightarrow{-6}$ ☐
100 $\xrightarrow{-}$ 91 $\xrightarrow{-}$ 88

50 $\xrightarrow{-8}$ ☐ $\xrightarrow{-4}$ ☐
72 $\xrightarrow{-4}$ ☐ $\xrightarrow{-}$ 61

6 Setze richtig ein: + − · :

a) 6 ○ 4 = 24
   15 = 21 ○ 6

b) 18 ○ 3 = 6
   8 ○ 8 = 0

c) 0 ○ 4 = 0
   0 ○ 4 = 4

d) ☐ ○ ☐ = 2
   ☐ ○ 2 = ☐

Messen mit Metern und Zentimetern

1

Meine Körpermaße: Daniel	
Daumenbreite	1 cm
Handbreite	7 cm
Spanne	15 cm
Elle	32 cm
Fußlänge	22 cm
Schuhgröße	35
Schritt	62 cm
Körpergröße	1 m 34 cm
Brustumfang	66 cm
Taillenumfang	59 cm
Hüftumfang	71 cm
Kopfumfang	54 cm

a) Daniel hat seine Körpermaße gemessen. Erzähle.

b) Schätze deine Körpermaße.

c) Miss gemeinsam mit deinem Partner deine Maße und vergleiche sie mit den Maßen deines Partners.

d) Schätze die Maße deiner Eltern. Miss gemeinsam mit deinen Eltern ihre Maße und vergleiche.

2 Körpergrößen der Klasse 2e

■ = 1 Kind

1 m 20 cm – 1 m 30 cm
1 m 30 cm – 1 m 40 cm
1 m 40 cm – 1 m 50 cm

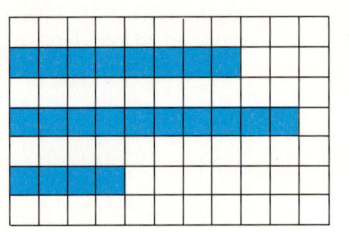

a) Die Kinder aus Daniels Klasse haben ihre Körpergrößen in einem Balkendiagramm dargestellt. Erzähle.

b) Erstelle eine Tabelle und ordne die Kinder deiner Klasse nach Körpergröße.

c) Zeichne ein Balkendiagramm für deine Klasse.

3

a) Wie groß warst du bei deiner Geburt? Wie viel bist du seither gewachsen?

c) Susi ist 8 cm größer als Erika. Erika ist 11 cm kleiner als Ralf. Ralf misst 1 m 45 cm. Wie groß ist Susi?

b) Daniel lacht und sagt: „Seit meiner Geburt, also in 8 Jahren, bin ich 80 cm gewachsen. Wie groß bin ich dann wohl mit 16 Jahren oder mit 24?"

d) Toni ist 1 m 42 cm groß. Seine kleine Schwester ist halb so groß wie er.

4 Füg deiner Fußlänge 1 cm hinzu, so hast du den passenden Schuh!

26 cm	39
25 cm	38
	37
24 cm	36
23 cm	35
	34
22 cm	33
21 cm	32
	31
20 cm	30
19 cm	29
	28
18 cm	27

a) Mit Hilfe der Tabelle kontrollieren die Kinder, ob ihre Schuhgröße passend zur Fußlänge gewählt wurde. Erzähle.

Name	Fußlänge + 1 cm	Größe	passend?
Daniel	22 cm + 1 cm = 23 cm	35	ja
Stefan	24 cm + 1 cm = 25 cm	37	eine Nr. zu klein
Viktoria	20 cm + 1 cm = 21 cm	32	ja

b) Überprüft eure Schuhgrößen gegenseitig.

5 Ordne der Länge nach.

a) 5 dm 2 cm, 56 cm, 3 dm, 6 cm 4 dm

b) 2 dm, 12 cm, 13 cm, 4 dm

c) 9 cm 1 dm, 8 dm, 90 cm, 1 cm 9 dm

d) 21 cm, 2 dm, 1 cm, 1 dm

e) 10 cm, 1 dm 1 cm, 100 cm, 10 dm

6
a) 25 + 25 = ▢
26 + 24 = ▢
27 + 23 = ▢

b) 40 + 40 = ▢
41 + ▢ = 80
42 + ▢ = 80

c) 6 · 3 – ▢ = 14
8 · 4 – ▢ = 29
7 · 6 – ▢ = 40
9 · 3 – ▢ = 25

d) 5 · 8 – ▢ = 33
8 · 5 – ▢ = 33
6 · 4 – ▢ = 21
4 · 6 – ▢ = 21

Knack- und Knobelaufgaben

1 Ich begrüße euch in unserem Knobel-Garten! Wer meine Aufgaben löst, darf herein!

+	−	·	:
60 ○ 4 = 56	16 = 16 ○ 0		
36 = 4 ○ 9	3 ○ 3 = 1		
6 ○ 1 = 6	5 = 5 ○ 1		

2 Welcher Eimer gehört zu welcher Gießkanne?

36 : 6   6 · 8   30 − 26
21 : 7   24 : 6
54 − 6   18 − 12

3 Verbessere! Es gibt mehrere Möglichkeiten!

22 + 8 = 29
25 − 6 = 18
32 − 4 = 29
3 · 6 = 24
6 · 9 = 36
12 : 6 = 3

4 Ich sehe sofort, welche Ergebnisse falsch sind. Du auch? Es gibt einen Trick.

56 − 24 = ☐   42 31 32
43 + 35 = ☐   78 77 88
51 + 36 = ☐   97 87 86
100 − 41 = ☐   79 59 58
70 − 25 = ☐   45 35 55

5 Auf jedem Vogelhäuschen siehst du eine Rechenregel. Suche sie und ergänze.

24	6	4
6		2
4	2	

42	20	62
10		30
	40	92

18	6	
8	4	4
10		8

4	2	8
	5	5
10	40	

6 Fällt dir etwas auf?

10 + 10 =   15 + 15 =
11 + 9 =   16 + 14 =
30 + 30 =   35 + 35 =
31 + 29 =   36 + 34 =
20 + 20 =   25 + 25 =
☐ + ☐ = 40   45 + 45 =
40 + 40 =   ☐ + ☐ = 50
☐ + ☐ = 80   ☐ + ☐ = 90

7 Wie heißt das Lösungswort?

J	W	A
B	E	S
D	P	N
M	F	T
R	O	Z

2. Reihe, rechts — **S**
3. Reihe, Mitte ☐
1. Reihe, links ☐
4. Reihe, rechts ☐
5. Reihe, rechts ☐
2. Reihe, Mitte ☐

Suche Rätsel für Martin, Sina und Mira.

8 Bei welchen Zahlen habe ich etwas ausgesät?

20 26 35
42 51 75
60   5 97
68 80

0 — 25 — 50 — 75 — 100

Salat · Möhren · Radieschen · Zwiebeln · Tomaten · Rote Rüben · Rettiche

93

Wiederholung der Grundrechenarten

1 Die Klasse 2c plant ein Klassenfest. Diese Stationen wollen die Kinder aufbauen:

Dosen werfen — Stelzenlauf — Ringe werfen — Klassenfest 2c — frische Milch — Getränke — Kugelspiel — Rätselecke — Federball

Wenn ich meine Zahl durch 6 teile, erhalte ich 5.
☐ — :6 / ·6 — ☐

Wenn ich meine Zahl mit 4 malnehme, erhalte ich 20.
☐ — ·4 / :4 — ☐

Wenn ich meine Zahl durch 5 teile, erhalte ich 2.
☐ — ☐

Wenn ich meine Zahl mit 5 malnehme, erhalte ich 15.
☐ — ☐

Damit nichts vergessen wird, möchte Inge einen Merkzettel schreiben. Hilf ihr dabei.

4 · ☐ Ringe
3 · ☐ Dosen = ☐ Ringe
3 · ☐ Bälle = ☐ Dosen
4 · ☐ Flaschen = ☐ Bälle
3 · ☐ Schläger = ☐ Flaschen
5 · ☐ Kugeln = ☐ Schläger
7 · ☐ Stelzen = ☐ Kugeln
= ☐ Stelzen

2 Am Nachmittag veranstalten die Kinder eine Tombola. Diese Gewinne werden verlost:

32, 15, 24

Marc hat Lose geschrieben:

Wenn ich meine Zahl durch 5 teile erhalte ich 3.
☐ — :/· — ☐

Wenn ich meine Zahl mit 4 malnehme, erhalte ich 40.
☐ — ·/: — ☐

Die Hälfte meiner Zahl ist 12.
☐ — ☐

Das Doppelte meiner Zahl ist 30.
☐ — ☐

Schreibe weitere Lose. Lass deine Mitschüler deine Lose ziehen.

3
a) 18 : 3 = ☐   b) 24 : 3 = ☐   c) 30 : 3 = ☐
18 : 6 = ☐   24 : 6 = ☐   30 : 6 = ☐
20 : 5 = ☐   24 : 4 = ☐   30 : 5 = ☐
20 : 4 = ☐   24 : 8 = ☐   30 : 10 = ☐

d) 36 : 4 = ☐   e) 12 : 4 = ☐   f) 50 : 5 = ☐
36 : 6 = ☐   12 : 6 = ☐   45 : 5 = ☐
18 : 2 = ☐   12 : 2 = ☐   36 : 6 = ☐
18 : 3 = ☐   12 : 3 = ☐   42 : 6 = ☐

4
a) 24 + ☐ = 30   b) 50 − ☐ = 42   c) 27 + 4 = ☐
43 + ☐ = 50   80 − ☐ = 72   76 + 8 = ☐
57 + ☐ = 60   60 − ☐ = 56   38 + 5 = ☐
32 + ☐ = 40   70 − ☐ = 61   35 + 8 = ☐

d) 48 + ☐ = 52   e) 35 + 20 = ☐   f) 53 + ☐ = 83
85 + ☐ = 91   40 + 57 = ☐   26 + ☐ = 56
77 + ☐ = 82   46 + 50 = ☐   40 + ☐ = 82
64 + ☐ = 73   60 + 39 = ☐   60 + ☐ = 98

Kleine Zeitspannen vergleichen und messen: Sekunden

1

Zena: „Ich ziehe meine Schuhe aus und wieder an."

Jonas: „Achtung, fertig, los!"

Marie: „Ich baue aus 8 Steckwürfeln einen Turm."

Alex: „Ich hüpfe auf einem Bein durch das Klassenzimmer."

Leon: „Ich schreibe die Namen aller Jungen aus meiner Klasse auf."

a) Schätze, was dauert am längsten, was am kürzesten.

b) Probiert aus und vergleicht so: Marie braucht länger als …

2

Christina und Marcus wollen nacheinander das Hundertertafel-Puzzle legen. Wer ist schneller?

Die Kinder machen Vorschläge, wie man dies messen kann.

Julia: „Ich zähle meine Atemzüge."

Silas: „Ich klatsche in die Hände und zähle dabei mit."

Welche Ideen habt ihr?

3 Baut eigene Zeitmesser.

Wasseruhr
Stich mit einer Nadel in den Boden eines Jogurtbechers. Fülle den Becher mit Wasser.

Sanduhr
Nimm zwei Gläser mit Schraubverschluss. Klebe die Deckel zusammen. Stich ein Loch durch beide Deckel. Fülle in ein Glas Sand. Schraube beide Gläser auf die Deckel.

Pendel
Binde einen Stein oder ein Gewicht an eine Schnur.

4 Arbeitet in Gruppen und wählt euch ein Zeitmessgerät aus. Übertragt die Tabelle, schätzt und messt aus. Was stellt ihr fest? Begründet.

Wir messen mit:

Tätigkeit	geschätzt	gemessen
Steckwürfel bauen		
ABC sagen		

Messt eure Tätigkeiten nochmals mit der Stoppuhr. Was fällt euch auf?

1 Minute = 60 Sekunden
1 min = 60 s

95

Uhrzeiten bestimmen: Stunde

1 Vormittag – Erzähle.

☐ Uhr   ☐ Uhr   ☐ Uhr   ☐ Uhr   ☐ Uhr   ☐ Uhr   ☐ Uhr

2 a) So sieht Stellas Vormittag aus. Erzähle.   b) Wie sieht dein Vormittag aus?

☐ Uhr   ☐ Uhr   ☐ Uhr   ☐ Uhr   ☐ Uhr

3 Gib an, welche Uhrzeit jedes Kind eingestellt hat.

Eva   Timo   Sven   Anja   Ivan   Leila

☐ Uhr   ☐ Uhr   ☐ Uhr   ☐ Uhr   ☐ Uhr   ☐ Uhr

4 Stelle auf deiner Lernuhr ein:

| 10 Uhr | 1 Uhr | 6 Uhr | 12 Uhr | 4 Uhr | 7 Uhr |

Wann fängt die Schule an?
Um 8 Uhr!

5 Am Sonntag kocht Vater frühzeitig.

Er beginnt um ☐ Uhr und ist um ☐ Uhr fertig.

6 Gleichzeitig holt Mama Oma vom Bahnhof ab.

Der Zug ist gerade pünktlich angekommen.
☐ Uhr

7 a) ☐ · ☐ = 24   b) ☐ : ☐ = 3   c) ☐ = 3 · 🦉   d) ☐ : 4 = 🦉   e) ☐ : ☐ = ☐

Doppelbenennung der Uhranzeige nach 12 Uhr

① Nachmittag – Erzähle.

Es ist 13 Uhr!
Und bei mir?

☐ Uhr   ☐ Uhr   ☐ Uhr   ☐ Uhr   ☐ Uhr   ☐ Uhr

② So geht Stellas Tag weiter. Erzähle.

☐ Uhr   ☐ Uhr   ☐ Uhr   ☐ Uhr   ☐ Uhr

③ Jeder Tag hat 24 Stunden. Er beginnt um Mitternacht, um ☐ Uhr.

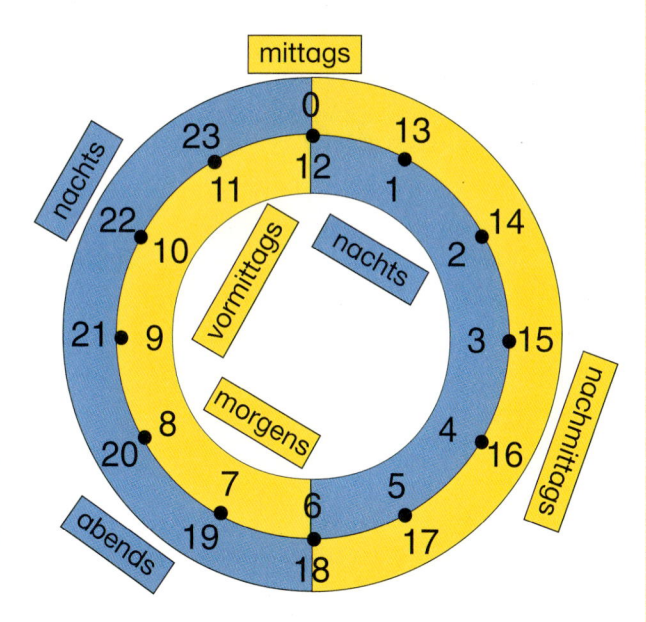

mittags – vormittags – nachts – nachmittags – morgens – abends

④ a) Lies die Uhrzeit ab.

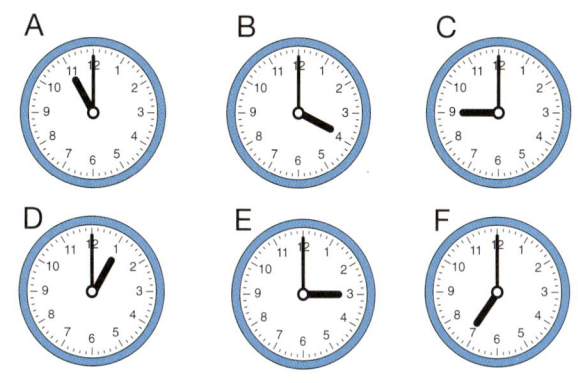

A   B   C
D   E   F

Schreibe so: A – 11 Uhr oder 23 Uhr.

b) Stelle auf deiner Lernuhr ein und notiere.

9 Uhr	20 Uhr	12 Uhr	5 Uhr
16 Uhr	10 Uhr	13 Uhr	21 Uhr
7 Uhr	1 Uhr	6 Uhr	0 Uhr

Schreibe so: 9 Uhr vormittags.

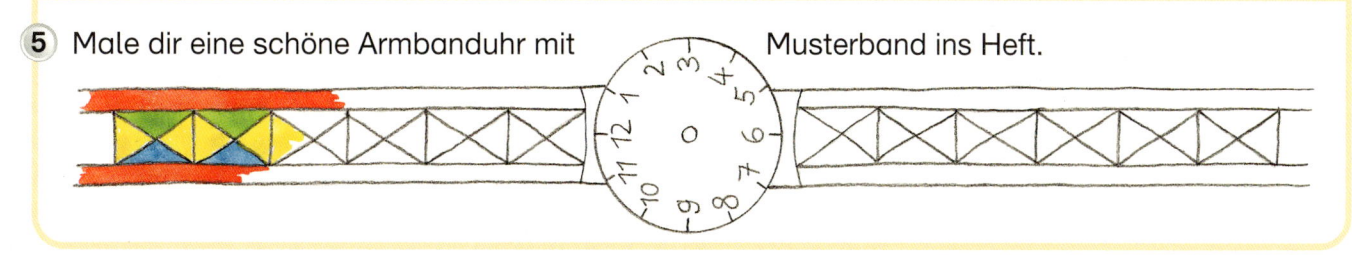

⑤ Male dir eine schöne Armbanduhr mit Musterband ins Heft.

Zeitpunkte und Zeitspannen bestimmen: Stunden

1

Standuhr — Kuckucksuhr — Taschenuhr — Pendeluhr — Wasseruhr — Sanduhr — Sonnenuhr — Digitaluhr

a) Kennst du diese Uhren und kannst du überall die Uhrzeit ablesen?
b) Kennst du noch mehr Uhren? Schau auch im Lexikon nach.
c) Informiere dich, ob es in deiner Nähe ein Museum mit Uhren gibt.

2 Wie lange ist Mama unterwegs?
von ... bis 
☐ Uhr → ☐ Stunden später → ☐ Uhr

3 Opa hat eine Besprechung.
von ... bis 
☐ Uhr → ☐ Stunden später → ☐ Uhr

4 Tom sagt zu Ben am Telefon:
„Wenn ich um ☐ Uhr bei dir sein soll, muss ich 2 Stunden früher von zu Hause weggehen.
Das ist um ☐ Uhr."
Löse mit deiner Lernuhr.

5 Die Abendvorstellung im Theater dauerte:
von ... bis 
☐ Uhr → ☐ Stunden später → ☐ Uhr

6 Lilo fragt um 13 Uhr:
„Mama, wie lange müssen wir noch auf Tante Mia warten?"
Mama antwortet:
„Die Tante kommt um 17 Uhr."
Sie müssen noch ☐ Stunden warten.

7 Papa besucht Oma. Er fährt mit dem Zug um 6 Uhr am Bahnhof ab. 3 Stunden später kommt er an. Um wie viel Uhr kommt Vater an?
Vater kommt um ☐ Uhr an.
Löse mit deiner Lernuhr.

8
Beginn		Ende	Beginn		Ende	Beginn		Ende
9 Uhr	☐ Stunden später	12 Uhr	2 Uhr	4 Stunden später	☐ Uhr	☐ Uhr	3 Stunden später	16 Uhr
3 Uhr	☐ Stunden später	8 Uhr	21 Uhr	6 Stunden später	☐ Uhr	☐ Uhr	☐ Stunden später	☐ Uhr

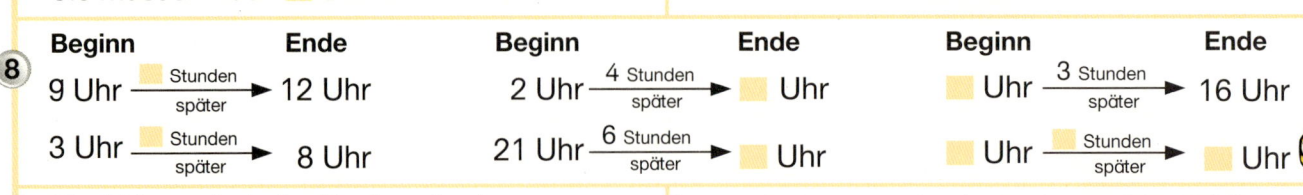

9 Ein Ei braucht beim Kochen 8 min, um ganz hart zu werden. Wie lange brauchen 3 Eier?

10 Frederik sagt: „Ich habe heute bis 13 Uhr Schule." Lisa antwortet: „Oh je, bei mir hört der Unterricht schon um 1 Uhr auf."

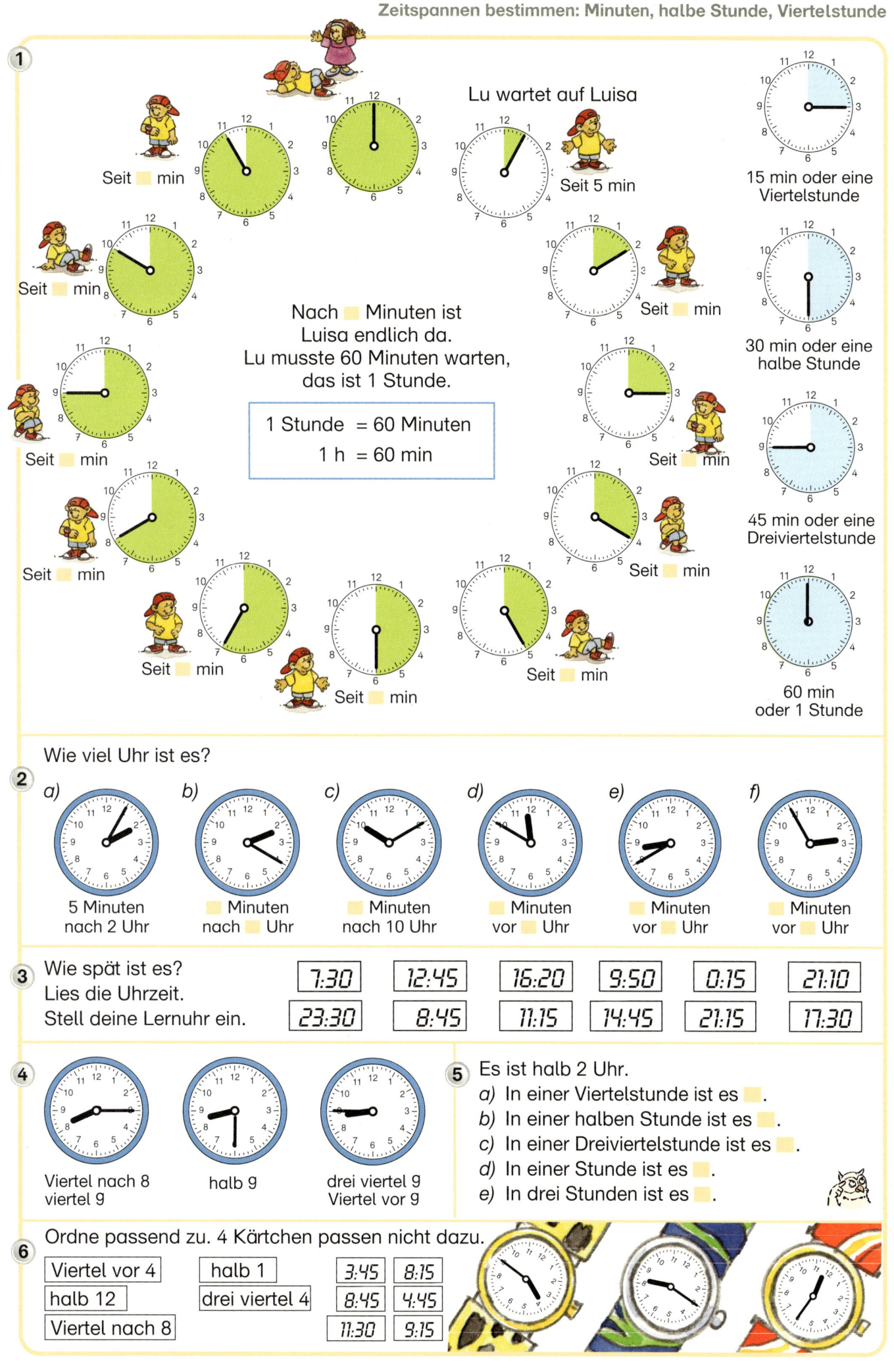

Zeitspannen bestimmen: Minuten, halbe Stunde, Viertelstunde

1 Lu wartet auf Luisa

Seit ☐ min   Seit ☐ min   Seit 5 min

15 min oder eine Viertelstunde

Seit ☐ min   Seit ☐ min

30 min oder eine halbe Stunde

Nach ☐ Minuten ist Luisa endlich da.
Lu musste 60 Minuten warten, das ist 1 Stunde.

1 Stunde = 60 Minuten
1 h = 60 min

Seit ☐ min   Seit ☐ min

45 min oder eine Dreiviertelstunde

Seit ☐ min   Seit ☐ min   Seit ☐ min   Seit ☐ min

60 min oder 1 Stunde

2 Wie viel Uhr ist es?

a) 5 Minuten nach 2 Uhr
b) ☐ Minuten nach ☐ Uhr
c) ☐ Minuten nach 10 Uhr
d) ☐ Minuten vor ☐ Uhr
e) ☐ Minuten vor ☐ Uhr
f) ☐ Minuten vor ☐ Uhr

3 Wie spät ist es? Lies die Uhrzeit. Stell deine Lernuhr ein.

| 7:30 | 12:45 | 16:20 | 9:50 | 0:15 | 21:10 |
| 23:30 | 8:45 | 11:15 | 14:45 | 21:15 | 17:30 |

4
Viertel nach 8 / viertel 9
halb 9
drei viertel 9 / Viertel vor 9

5 Es ist halb 2 Uhr.
a) In einer Viertelstunde ist es ☐.
b) In einer halben Stunde ist es ☐.
c) In einer Dreiviertelstunde ist es ☐.
d) In einer Stunde ist es ☐.
e) In drei Stunden ist es ☐.

6 Ordne passend zu. 4 Kärtchen passen nicht dazu.

Viertel vor 4	halb 1	3:45	8:15
halb 12	drei viertel 4	8:45	4:45
Viertel nach 8		11:30	9:15

Zeitpunkte und Zeitspannen bestimmen

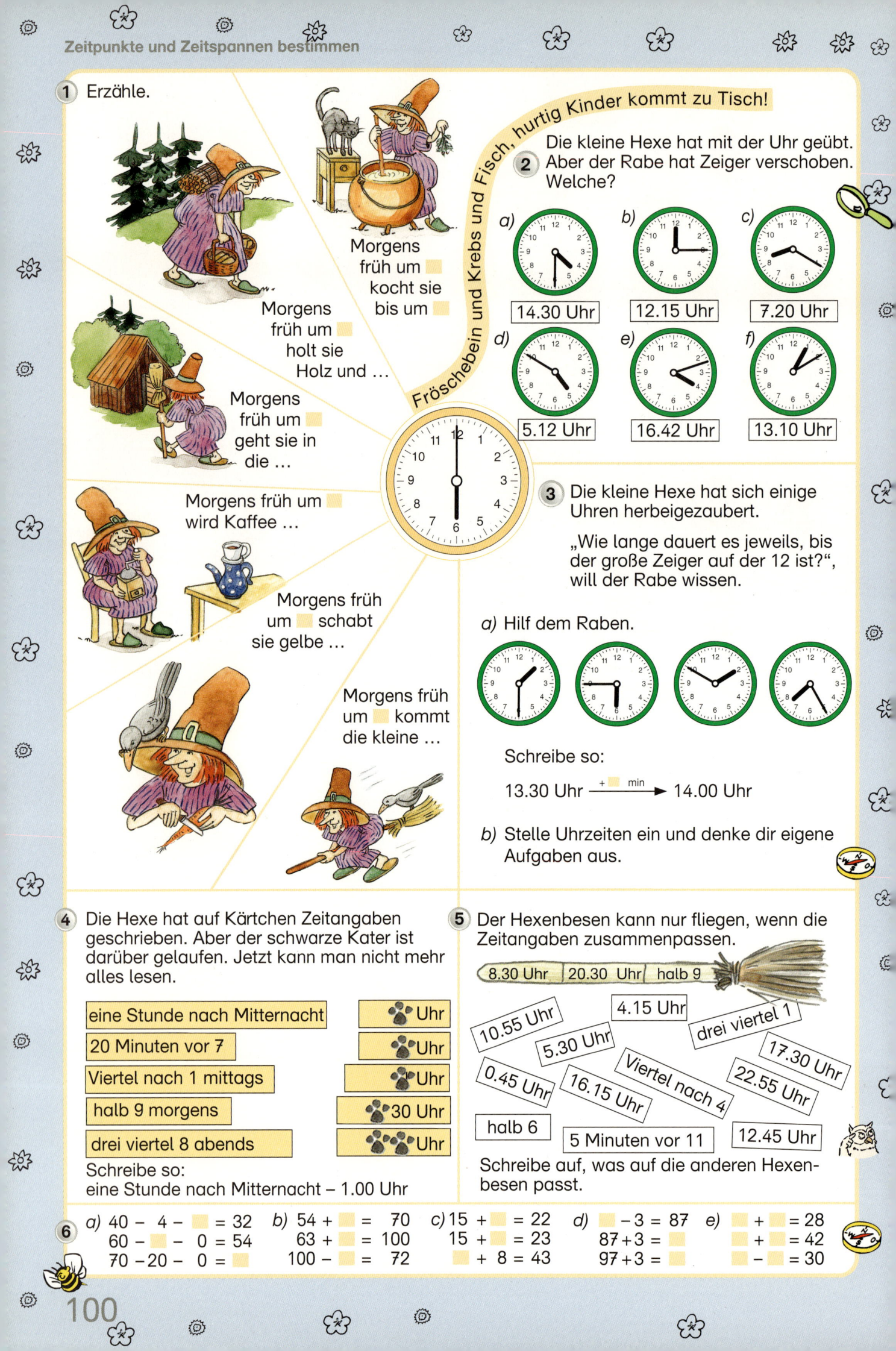

1 Erzähle.

Morgens früh um ▢ kocht sie bis um ▢

Morgens früh um ▢ holt sie Holz und …

Morgens früh um ▢ geht sie in die …

Morgens früh um ▢ wird Kaffee …

Morgens früh um ▢ schabt sie gelbe …

Morgens früh um ▢ kommt die kleine …

Fröschebein und Krebs und Fisch, hurtig Kinder kommt zu Tisch!

2 Die kleine Hexe hat mit der Uhr geübt. Aber der Rabe hat Zeiger verschoben. Welche?

a) 14.30 Uhr   b) 12.15 Uhr   c) 7.20 Uhr
d) 5.12 Uhr   e) 16.42 Uhr   f) 13.10 Uhr

3 Die kleine Hexe hat sich einige Uhren herbeigezaubert.

„Wie lange dauert es jeweils, bis der große Zeiger auf der 12 ist?", will der Rabe wissen.

a) Hilf dem Raben.

Schreibe so:

13.30 Uhr $\xrightarrow{+\;▢\;min}$ 14.00 Uhr

b) Stelle Uhrzeiten ein und denke dir eigene Aufgaben aus.

4 Die Hexe hat auf Kärtchen Zeitangaben geschrieben. Aber der schwarze Kater ist darüber gelaufen. Jetzt kann man nicht mehr alles lesen.

eine Stunde nach Mitternacht	🐾 Uhr
20 Minuten vor 7	🐾 Uhr
Viertel nach 1 mittags	🐾 Uhr
halb 9 morgens	🐾 30 Uhr
drei viertel 8 abends	🐾 Uhr

Schreibe so:
eine Stunde nach Mitternacht – 1.00 Uhr

5 Der Hexenbesen kann nur fliegen, wenn die Zeitangaben zusammenpassen.

8.30 Uhr | 20.30 Uhr | halb 9

4.15 Uhr
10.55 Uhr
5.30 Uhr   drei viertel 1
0.45 Uhr   16.15 Uhr   17.30 Uhr
Viertel nach 4   22.55 Uhr
halb 6   5 Minuten vor 11   12.45 Uhr

Schreibe auf, was auf die anderen Hexenbesen passt.

6
a) 40 − 4 − ▢ = 32
60 − ▢ − 0 = 54
70 − 20 − 0 = ▢

b) 54 + ▢ = 70
63 + ▢ = 100
100 − ▢ = 72

c) 15 + ▢ = 22
15 + ▢ = 23
▢ + 8 = 43

d) ▢ − 3 = 87
87 + 3 = ▢
97 + 3 = ▢

e) ▢ + ▢ = 28
▢ + ▢ = 42
▢ − ▢ = 30

Zeitangaben ablesen, ansagen, aufschreiben

1 So sieht der Stundenplan der kleinen Hexe aus.

1. Stunde	8.15 Uhr bis 9.10 Uhr	Hexen ABC
2. Stunde	9.15 Uhr bis 10.10 Uhr	Besenfliegen
3. Stunde	10.15 Uhr bis 11.10 Uhr	Zaubern
	Hexenpause	
4. Stunde	11.30 Uhr bis 12.25 Uhr	Hexenlieder
5. Stunde	12.30 Uhr bis 13.25 Uhr	Hexensuppe-kochen

Vergleiche mit deinem Stundenplan.

2 Abends sieht die kleine Hexe Hexenfernsehen.

17.20 Uhr	Die Nörgelhexe
17.50 Uhr	Rabenclub
18.00 Uhr	Sendung mit dem schwarzen Kater
18.45 Uhr	Der verhexte Zauberer
19.30 Uhr	Sendeschluss

Wie lange dauern die Sendungen?
Nörgelhexe 17.20 Uhr —+☐→ 17.50 Uhr
Rabenclub   17.50 Uhr —+☐→ 18.00 Uhr

3 Die kleine Hexe treibt Schabernack. Sie hat den Kindern allerlei weggehext.

a) Eine Stunde hat ☐.
b) Bayrams Schulweg dauert ☐.
c) Eine Minute hat ☐.
d) Olgas Geburtstagsfeier dauert ☐.
e) Eine Schulstunde dauert ☐.
f) Madeleine spitzt ihren Bleistift. Sie braucht ☐.
g) Julian darf ☐ fernsehen.
h) Eine Viertelstunde hat ☐.

| 30 s |
| 1 h 30 | 45 min | 8 min | 4 h |
| 15 min | 60 s | 60 min |

4 Heute hat die kleine Hexe Kinder eingeladen. Sie hat besondere Lebkuchen gebacken und die Teller verzaubert. Kannst du die Lebkuchen auf die richtigen Teller legen?

Viertel vor 9   drei viertel 7   5 Minuten nach 2
11.50 Uhr   10.35 Uhr

5 Wenn es dunkel wird, trifft sich die Hexe mit ihren Freundinnen. Sie erzählen.

Wetterhexe: Letzte Woche war ich zum Hexentanz auf dem Blocksberg. Um 16 Uhr flog ich los und um 10 Uhr am nächsten Morgen war ich wieder da.

Knusperhexe: Ich habe 3 Stunden lang Unsinn gehext. Das machte Spaß. Um 2 Uhr fing ich an und um 17 Uhr hatte ich genug.

Sumpfhexe: Gestern übte ich mit Amanda Moorhexe und Zauberer Grünhut Besenfliegen.
Grünhut flog 45 Minuten.
Ich flog 20 Minuten länger.
Amanda flog 12 Minuten weniger als ich.

Waldhexe: Um 13.25 Uhr merkte ich, dass mein Kater verschwunden war. Ich brauchte 22 Minuten, bis ich ihn herbeigehext hatte.

a) Was meinst du?
b) Fallen dir auch Zeit-Hexengeschichten ein?

Halbieren im Zahlenraum bis 100

1 Tina und Marc haben von ihrer Oma ein Paket mit vielen verschiedenen Sachen bekommen. Ein Säckchen Murmeln wollen sie teilen.

24 = ☐ + ☐

2 Lege und halbiere.

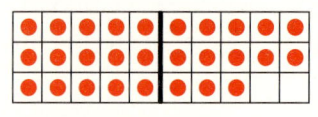

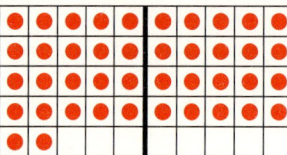

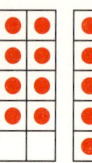

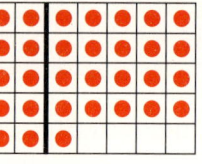

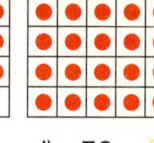

a) 28 = ☐ + ☐   b) 42 = ☐ + ☐   c) 46 = ☐ + ☐   d) 50 = ☐ + ☐

3 Halbiere.

a) 40 = ☐ + ☐   b) 60 = ☐ + ☐   c) 80 = ☐ + ☐   d) 10 = ☐ + ☐
   30 = ☐ + ☐   70 = ☐ + ☐   90 = ☐ + ☐   100 = ☐ + ☐

4 Halbiere auch hier.

a) 20 = ☐ + ☐   b) 40 = ☐ + ☐   c) 60 = ☐ + ☐   d) 80 = ☐ + ☐
   26 = ☐ + ☐   44 = ☐ + ☐   62 = ☐ + ☐   82 = ☐ + ☐
   28 = ☐ + ☐   48 = ☐ + ☐   68 = ☐ + ☐   0 = ☐ + ☐

5 Tina und Marc teilen den Inhalt des Päckchens unter sich auf. Oma hat 54 Sticker mitgeschickt.

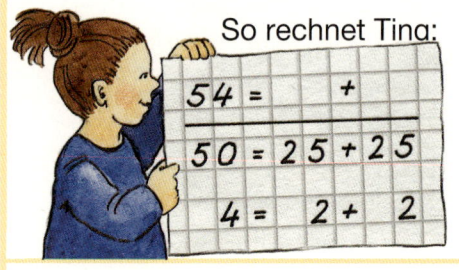

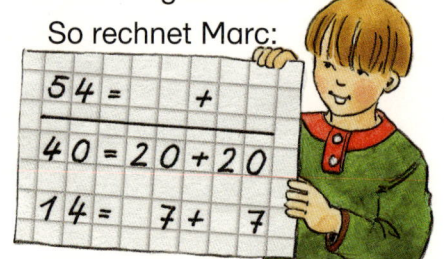

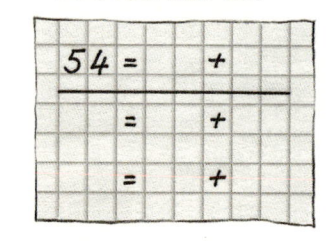

So rechnet Tina:
54 = ☐ + ☐
50 = 25 + 25
4 = 2 + 2

So rechnet Marc:
54 = ☐ + ☐
40 = 20 + 20
14 = 7 + 7

So rechnest du:
54 = ☐ + ☐
  = ☐ + ☐
  = ☐ + ☐

6 Halbiere.

34 Perlen:
34 = ☐ + ☐

36 Luftballons:
36 = ☐ + ☐

72 Bonbons:
72 = ☐ + ☐

52 Kekse:
52 = ☐ + ☐

58 Briefbögen:
58 = ☐ + ☐

22 Straßenkreiden:
22 = ☐ + ☐

7 Suche die Fragen und rechne.

a) Marc und Tina spielen mit ihren neuen Murmeln. Marc erreicht 56 Punkte, Tina nur halb so viele.

b) Als Dankeschön für das Päckchen basteln die beiden ihrer Oma ein Fensterbild aus 32 Blumen. Jeder hat gleich viele gebastelt.

8 Welche Zahlen kann ich halbieren?

20 = 10 + 10
21 geht nicht
22 = 11 + 11
23 geht nicht
   = 12 + 12

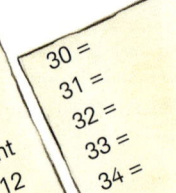

30 =
31 =
32 =
33 =
34 =
35 =

40 =
41 =
42 =
43 =
44 =
45 =
46 =

60 =
61 =
62 =
63 =
64 =
65 =

Sachaufgaben: Geld

1 Erzähle und vergleiche.

2 a) Frau Hensel sucht zwei Spielsachen. Sie sollen zusammen nicht mehr als 30 Euro kosten.

b) Frau Herm hat 3 Spielsachen gefunden, die genau 35 Euro kosten. Findest du diese auch?

c) Ulla hat zwei 5-Euro-Scheine und vier 2-Euro-Stücke. Sie möchte einen Dampfer kaufen. Wie viel fehlt ihr noch?

3 Herr Krämer kauft einen Bagger und noch ein Spielzeug. Er bezahlt mit einem 50-Euro-Schein und erhält 10 Euro zurück.

a) Wie viel kosten die beiden Spielsachen zusammen?

b) Welches Spielzeug kauft Herr Krämer noch?

4 Erfinde mit deinem Nachbarn Rechengeschichten. Schreibe eine davon ins Heft.

5 So haben Kinder ihre Spielsachen bezahlt.

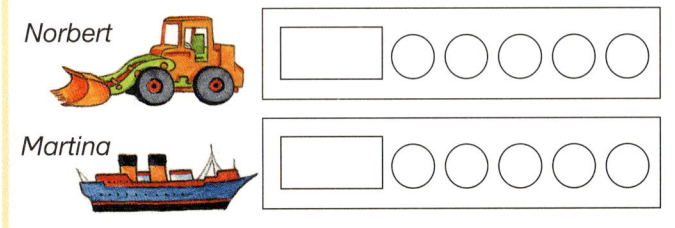

Norbert
Martina
Doris
Gerald

a) Lege jede Aufgabe mit Scheinen und Münzen. Zeichne danach ins Heft.

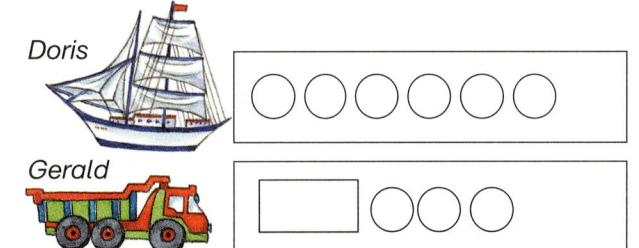

b) Lege nun so, dass du jedes Spielzeug mit möglichst wenig Geldstücken bezahlen kannst. Zeichne ins Heft.

6 Suche zu jeder Aufgabe die passende Frage, dann rechne.

a) Eddi kauft einen Bagger. Er bezahlt mit einem 20-Euro-Schein.

b) Andreas kauft einen Traktor und ein weiteres Spielzeug. Er bezahlt zusammen 36 Euro.

c) Bernd kauft einen Flieger. Er bezahlt und erhält 4 Euro zurück.

Mit welchem Schein hat er bezahlt?

Welches Spielzeug hat er noch gekauft?

Wie viel Geld erhält er zurück?

7 Ordne die Streifen zu einer Rechengeschichte und rechne.

Sie bezahlt mit zwei Scheinen.
Ulrike kauft einen Dampfer.
Ulrike erhält 5 Euro zurück.
Mit welchen Scheinen hat sie bezahlt?

Lernen an Stationen: Grundrechenarten

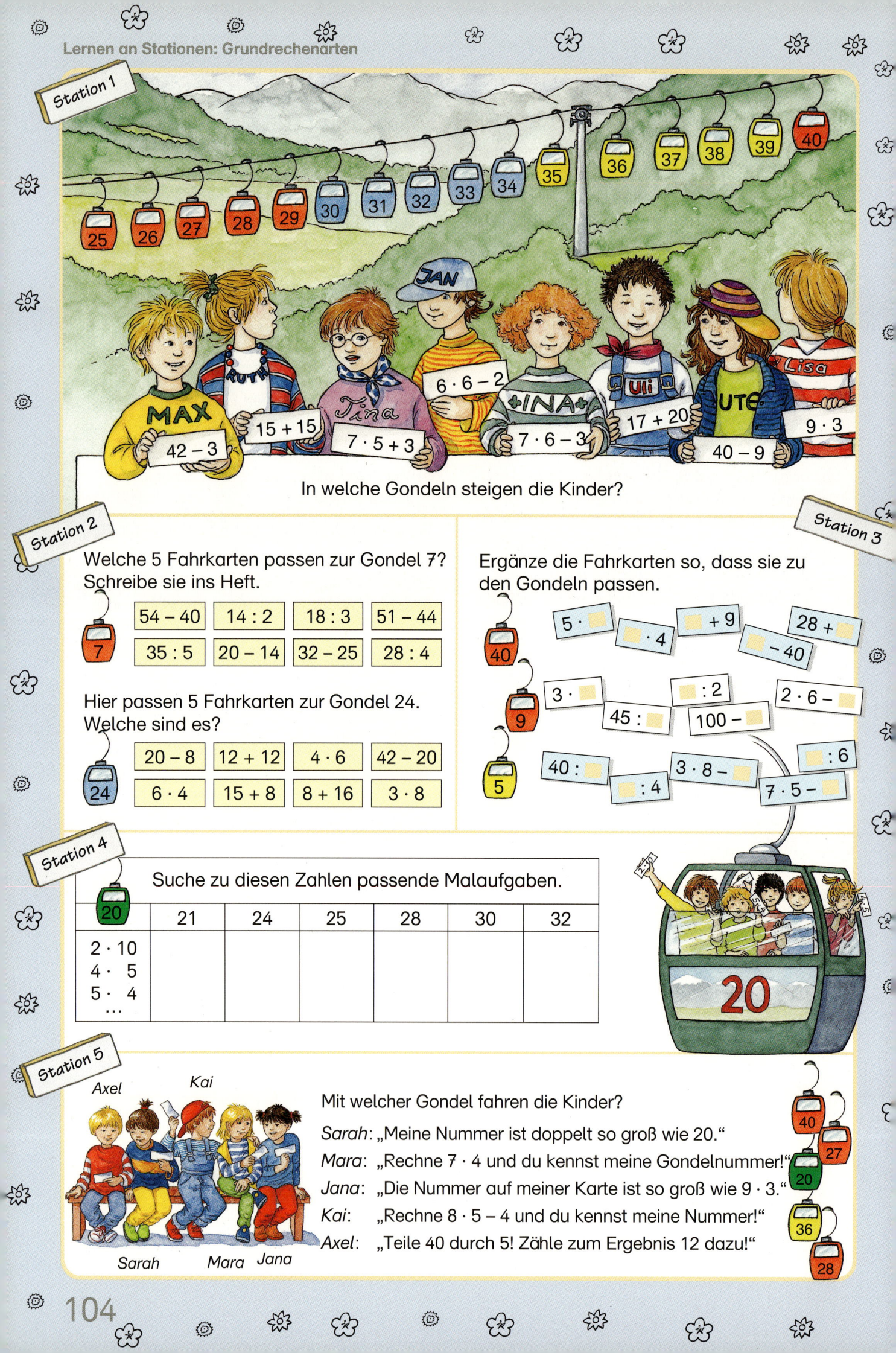

Station 1

Max: 42 − 3
15 + 15
Tina: 7 · 5 + 3
6 · 6 − 2
Ina: 7 · 6 − 3
Uli: 17 + 20
40 − 9
Ute
Lisa: 9 · 3

In welche Gondeln steigen die Kinder?

Station 2

Welche 5 Fahrkarten passen zur Gondel 7? Schreibe sie ins Heft.

| 54 − 40 | 14 : 2 | 18 : 3 | 51 − 44 |
| 35 : 5 | 20 − 14 | 32 − 25 | 28 : 4 |

Hier passen 5 Fahrkarten zur Gondel 24. Welche sind es?

| 20 − 8 | 12 + 12 | 4 · 6 | 42 − 20 |
| 6 · 4 | 15 + 8 | 8 + 16 | 3 · 8 |

Station 3

Ergänze die Fahrkarten so, dass sie zu den Gondeln passen.

Gondel 40: 5 · ☐   ☐ + 9   28 + ☐   ☐ · 4   ☐ − 40

Gondel 9: 3 · ☐   ☐ : 2   2 · 6 − ☐   45 : ☐   100 − ☐

Gondel 5: 40 : ☐   ☐ : 4   3 · 8 − ☐   ☐ : 6   7 · 5 − ☐

Station 4

Suche zu diesen Zahlen passende Malaufgaben.

20	21	24	25	28	30	32
2 · 10 4 · 5 5 · 4 …						

Station 5

Axel Kai

Mit welcher Gondel fahren die Kinder?

Sarah: „Meine Nummer ist doppelt so groß wie 20."
Mara: „Rechne 7 · 4 und du kennst meine Gondelnummer!"
Jana: „Die Nummer auf meiner Karte ist so groß wie 9 · 3."
Kai: „Rechne 8 · 5 − 4 und du kennst meine Nummer!"
Axel: „Teile 40 durch 5! Zähle zum Ergebnis 12 dazu!"

Sarah Mara Jana

Dividieren mit Rest

1 15 Kinder wollen um die Wette rudern und mieten Boote. In jedem Boot sollen gleich viele Kinder sitzen.

Wie viele Boote mieten die Kinder? Nimm für jedes Kind ein Klötzchen und verteile. Es gibt 2 Möglichkeiten.

2 Wie viele Boote können 12 Kinder mieten? In jedem Boot sollen gleich viele Kinder sitzen.

3 Boote 
12 : 3 = ▢

4 Boote 
12 : 4 = ▢

5 Boote 
12 : 5 = 2 Rest 2

6 Boote 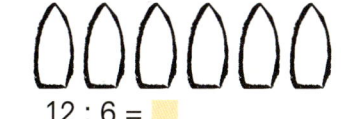
12 : 6 = ▢

3 a) 10 : 5 = ▢
12 : 5 = ▢ Rest ▢
14 : 5 = ▢ Rest ▢
20 : 5 = ▢
23 : 5 = ▢ Rest ▢
24 : 5 = ▢ Rest ▢

35 : 5 = ▢
36 : 5 = ▢ Rest ▢
37 : 5 = ▢ Rest ▢
45 : 5 = ▢
46 : 5 = ▢ Rest ▢
48 : 5 = ▢ Rest ▢

b) 12 : 4 = ▢
13 : 4 = ▢ Rest ▢
15 : 4 = ▢ Rest ▢
16 : 4 = ▢
17 : 4 = ▢ Rest ▢
19 : 4 = ▢ Rest ▢

20 : 4 = ▢
21 : 4 = ▢ Rest ▢
23 : 4 = ▢ Rest ▢
36 : 4 = ▢
37 : 4 = ▢ Rest ▢
39 : 4 = ▢ Rest ▢

4 17 Kinder rudern in 5 Booten.

Sitzen in allen Booten gleich viele Kinder?

Löse mit Hilfe einer Skizze.

5 24 Kinder mieten Boote. In jedem Boot sitzen 6 Kinder.

a) Wie viele Boote sind es?

b) Es sollen in jedem Boot gleich viele Kinder sitzen.

Hätten die 24 Kinder auch eine andere Anzahl von Booten mieten können?

6 a) ▢ + 6 = 12
▢ + 6 = 42
▢ + 7 = 43

b) 17 + 4 = ▢
14 + 7 = ▢
54 + 7 = ▢

c) 93 − ▢ = 63
84 − ▢ = 24
99 − ▢ = 39

d) ▢ = 85 − 7
▢ = 64 − 5
▢ = 23 − 6

e) 89 + ▢ = 100
75 + ▢ = 100
61 + ▢ = 100

Symmetrische Figuren herstellen und betrachten

① a) So kannst du Klecksbilder herstellen. Erzähle.   b) Erstelle selbst Klecksbilder.

② a) Kannst du dir vorstellen, wie die fertigen Klecksbilder aussehen werden?

b) Überprüfe deine Vermutung mit einem Spiegel.

c) Wo sind dir schon Spiegel begegnet? Wozu benutzt man sie?

d) Verwendest du auch Spiegel?

③ Ich habe auch gekleckst. Fällt dir etwas auf?

Das ist Lu.   Das ist Toni.   Das ist Mirjam.   Das ist Irmi.   Das ist Hans.   Das bin ich.

④ Erkläre, wie du Stickbilder herstellen kannst. Möchtest du auch eines sticken?

Symmetrische Figuren herstellen und betrachten

1 Lass die Bären tanzen.

a) Lege den Spiegel passend an:

- 1 Bärin tanzt allein
- 8 Bären tanzen
- 10 Bären tanzen
- 7 Bären tanzen
- 12 Bären tanzen
- 1 Bär tanzt allein

b) Wie könnten die Bären noch tanzen?

2 Zeichne die Figuren in dein Heft. Suche das Spiegelbild und zeichne es. Erfinde auch eigene Spiegelbilder.

3 Welche Figuren sind Spiegelfiguren? Überprüfe mit einem Spiegel.

4
a) 80 − 23 = ▢
90 − 23 = ▢
50 − 41 = ▢
60 − 41 = ▢
70 − 41 = ▢

b) 50 + ▢ = 80
51 + ▢ = 80
▢ + 30 = 70
▢ + 32 = 70
▢ + 33 = 70

c) 8 + 8 = ▢
78 + 8 = ▢
9 + 9 = ▢
19 + 9 = ▢
29 + 9 = ▢

5 Setze richtig ein: ➕ ➖

a) 50 ◯ 30 ◯ 6 = 86
50 ◯ 30 ◯ 6 = 74
50 ◯ 30 ◯ 6 = 26

b) 67 ◯ 20 ◯ 4 = 91
67 ◯ 20 ◯ 4 = 43
67 ◯ 20 ◯ 4 = 51

Symmetrische Figuren herstellen, Formen erkennen

1 Klaus, Ursula und Lisa haben Figuren ausgeschnitten. Erzähle. Stelle auch Faltfiguren her.

2 Hier wurde gefaltet und ausgeschnitten. Ordne zu. Schreibe so: A – 5

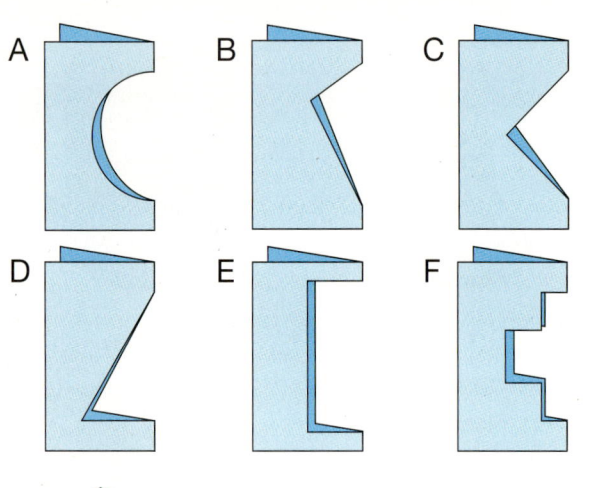

3

a) Findest du Verkehrszeichen, die spiegelbildlich sind?

b) Welche Formen entdeckst du?

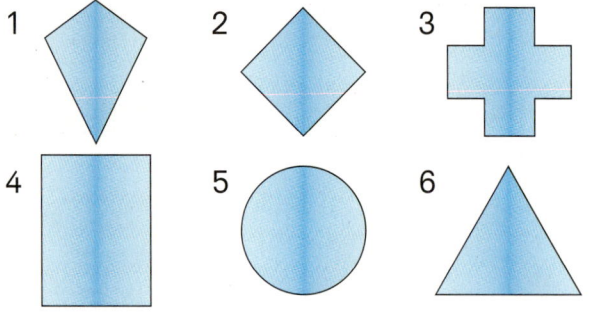

4

:	3	4	6
12	4		
24			

:	3	6	2
18			
12			

:	2	5	10
10			
30			

:	4	8	1
16			
32			

5 Bastel dir ein Lesezeichen.

Du brauchst: Tonpapier 15 cm × 7 cm, 20 cm

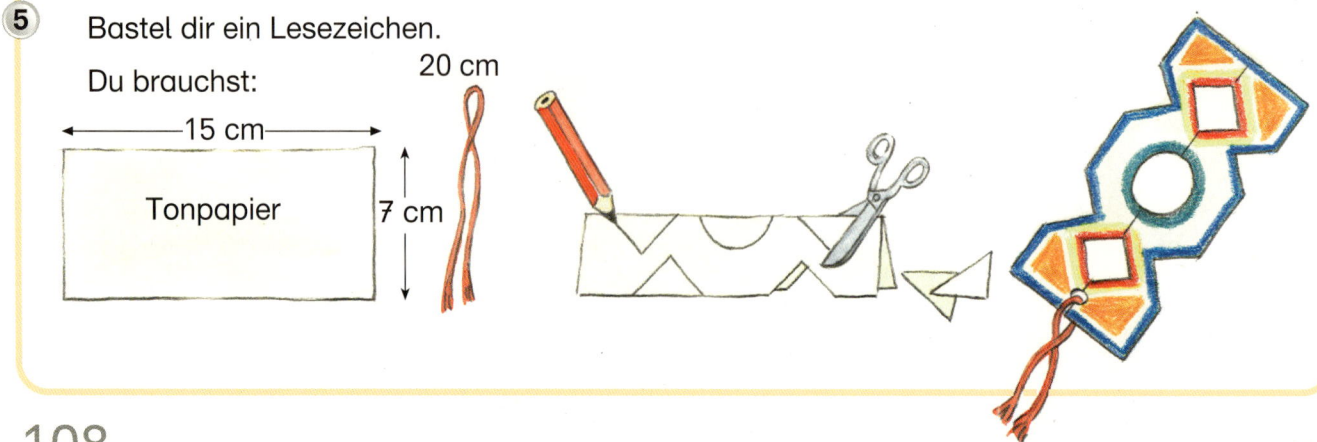

Sachaufgaben: Längen

1 Kinder wollen ihre gemalten Bilder einrahmen. Jedes Kind hat sich genau überlegt, wie groß sein Rahmen sein soll. Die Kinder haben dazu Pläne gezeichnet.

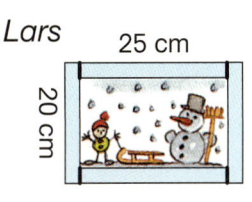

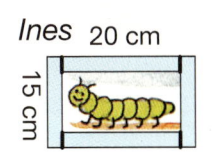

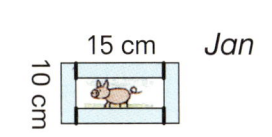

Jule 30 cm, 20 cm
Lars 25 cm, 20 cm
Ines 20 cm, 15 cm
Jan 15 cm, 10 cm

2 Für die Bilderrahmen stehen diese Streifen zur Verfügung:
90 cm
70 cm
100 cm
80 cm
50 cm

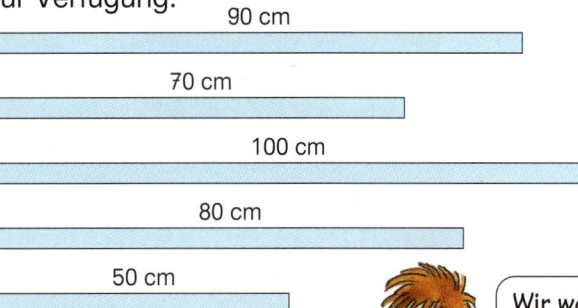

Wie können die Kinder die Streifen so zerschneiden, dass sie zu ihren Rahmen passen?

Wir wollen möglichst wenig Abfall haben!

3 Carolin schneidet einen Streifen in zwei Stücke. Das erste Stück ist 40 cm lang, das zweite 25 cm. Wie lang war der Streifen?

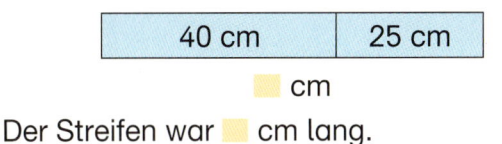

| 40 cm | 25 cm |
☐ cm

Der Streifen war ☐ cm lang.

4 Paul schneidet einen 60 cm langen Streifen in zwei Stücke. Das erste Stück ist 35 cm lang. Wie lang ist das zweite?

| 35 cm | ☐ cm |
60 cm

Das zweite Stück ist ☐ cm lang.

5 Erzähle Rechengeschichten und rechne.

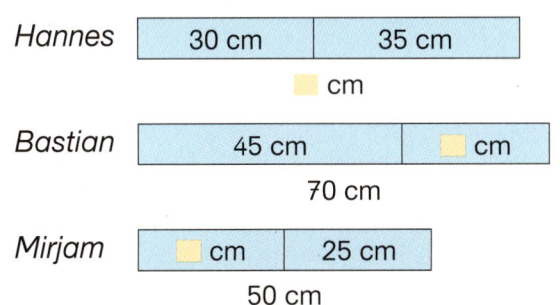

Hannes | 30 cm | 35 cm | ☐ cm

Bastian | 45 cm | ☐ cm | 70 cm

Mirjam | ☐ cm | 25 cm | 50 cm

6 Erzähle und rechne.

	1. Stück	2. Stück	zusammen
Lena	☐ cm	25 cm	90 cm
Flo	45 cm	55 cm	☐ cm
Lisa	☐ cm	☐ cm	80 cm

7 Suche zu jeder Aufgabe die passende Frage, dann rechne.

a) Ein Zierband ist 70 cm lang. Silke schneidet davon 25 cm ab.

b) Jens schneidet von einem Band 25 cm ab. Nun ist es noch 45 cm lang.

c) Anna schneidet von einem 70 cm langen Band ein Stück ab. Nun ist es noch 45 cm lang.

Wie lang war es vorher?
Wie viel cm wurden abgeschnitten?
Wie lang ist es nun?

8 Erzähle Rechengeschichten wie in Aufgabe 7.

80 cm – 30 cm = ☐ cm   60 cm – ☐ cm = 25 cm   ☐ cm – 30 cm = 40 cm

9
a) 70 cm – 35 cm = ☐
   90 cm – 48 cm =
   100 cm – 91 cm =
   100 cm – 75 cm =

b) 42 cm + ☐ = 90 cm
   51 cm + ☐ = 80 cm
   25 cm + ☐ = 70 cm
   45 cm + ☐ = 70 cm

c) ☐ + 43 cm = 60 cm
   ☐ + 51 cm = 70 cm
   ☐ + 62 cm = 80 cm
   ☐ + 18 cm = 80 cm

d) ☐ – 40 cm = 60 cm
   ☐ – 60 cm = 40 cm
   ☐ – ☐ cm = 20 cm
   ☐ – ☐ cm = 10 cm

Symmetrische Figuren herstellen

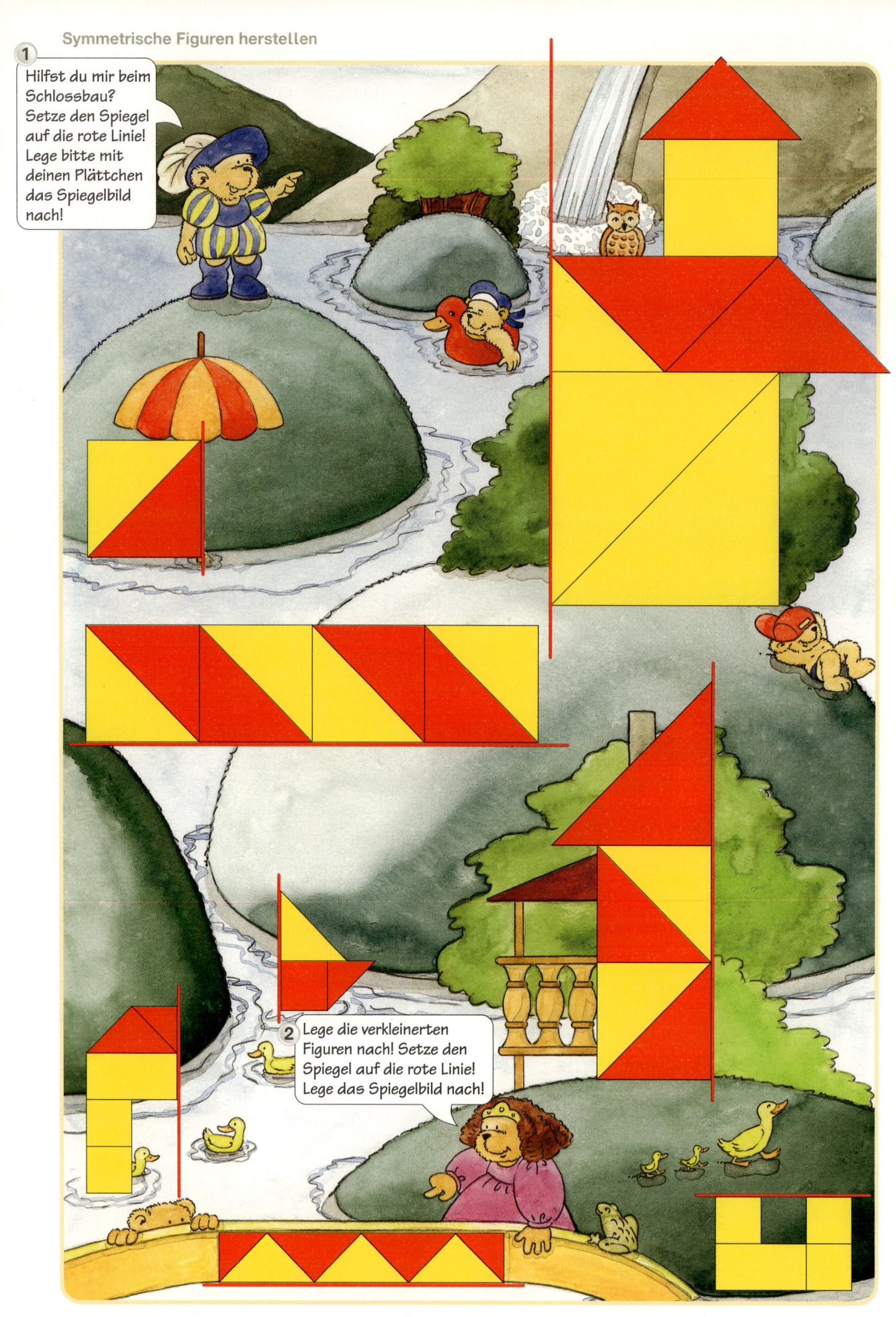

1 Hilfst du mir beim Schlossbau? Setze den Spiegel auf die rote Linie! Lege bitte mit deinen Plättchen das Spiegelbild nach!

2 Lege die verkleinerten Figuren nach! Setze den Spiegel auf die rote Linie! Lege das Spiegelbild nach!

Lernen an Stationen: Symmetrische Figuren

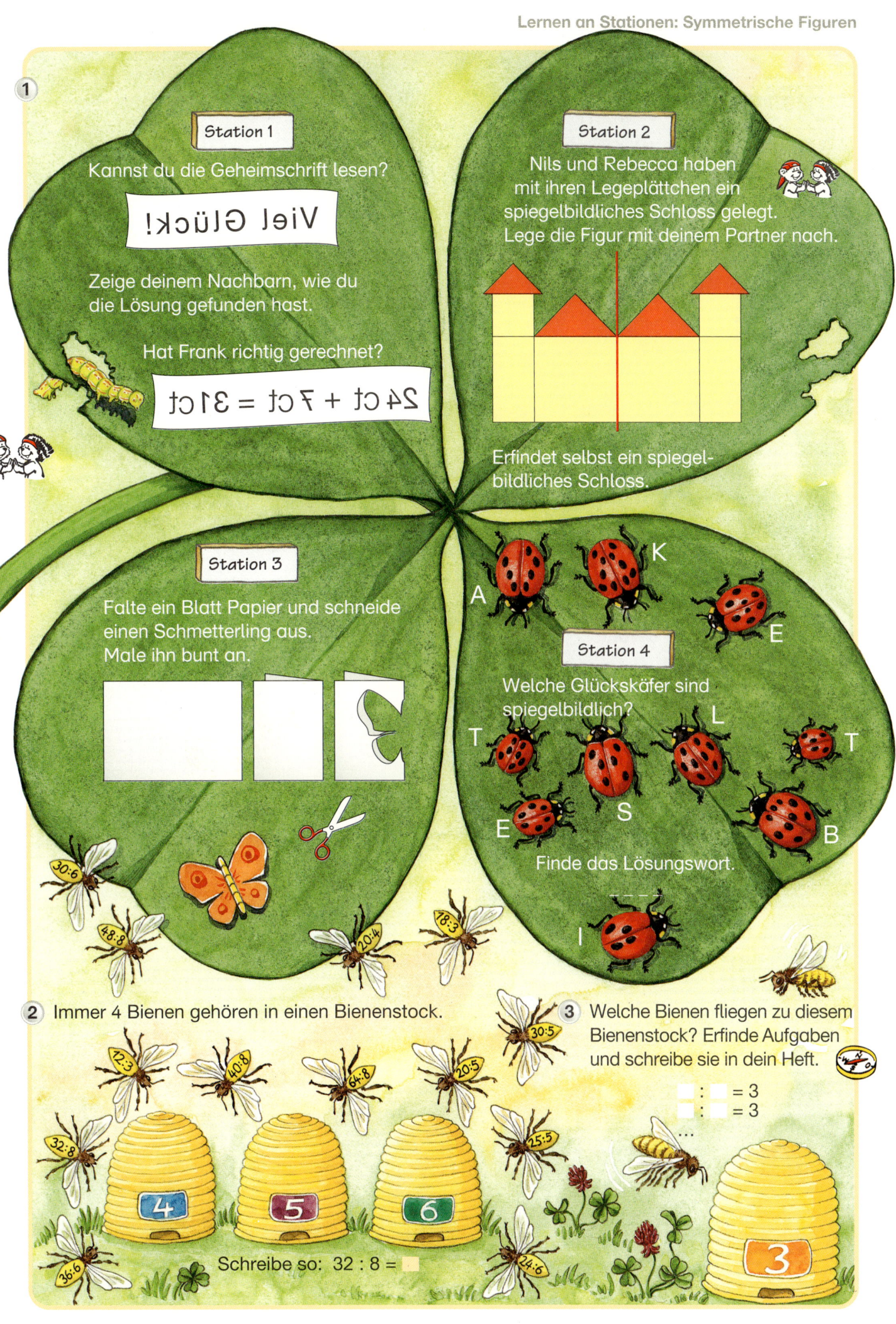

①

Station 1

Kannst du die Geheimschrift lesen?

Viel Glück!

Zeige deinem Nachbarn, wie du die Lösung gefunden hast.

Hat Frank richtig gerechnet?

24 ct + 7 ct = 31 ct

Station 2

Nils und Rebecca haben mit ihren Legeplättchen ein spiegelbildliches Schloss gelegt. Lege die Figur mit deinem Partner nach.

Erfindet selbst ein spiegelbildliches Schloss.

Station 3

Falte ein Blatt Papier und schneide einen Schmetterling aus. Male ihn bunt an.

Station 4

Welche Glückskäfer sind spiegelbildlich?

A K E
T L T
E S B
I

Finde das Lösungswort.

② Immer 4 Bienen gehören in einen Bienenstock.

30:6 48:8 20:4 18:3
42:3 40:8 64:8 20:5
32:8 30:5 25:5 24:6 36:6

4 5 6

Schreibe so: 32 : 8 = ▢

③ Welche Bienen fliegen zu diesem Bienenstock? Erfinde Aufgaben und schreibe sie in dein Heft.

▢ : ▢ = 3
▢ : ▢ = 3
...

3

111

Sachaufgaben: Geld

1 *Ich habe mir für euch Aufgaben zum Knacken und Knobeln ausgedacht.*

a) Welche Sportgeräte kosten zusammen 24 Euro? Suche verschiedene Möglichkeiten.

b) Drei Sportgeräte kosten zusammen 32 Euro. Welche sind es?

c) Drei Bälle und ein Spiel kosten zusammen 30 Euro.

d) Fünf Flugscheiben und zwei Spiele kosten zusammen 45 Euro.

e) Erfinde auch du eine Knobelaufgabe.

2 Hannah kauft einen Ball und ein Spiel. Insgesamt kostet es 20 Euro.

Frage: Welches Spiel hat sie gekauft?

Rechnung: ▢ + ▢ = ▢

Antwort: Sie hat ▢ gekauft.

3 Lydia kauft das Kegelspiel und bezahlt mit einem 20-Euro-Schein.

Frage:

Rechnung:

Antwort:

4 So haben die Kinder bezahlt:

Lars / Sina

Was haben sie gekauft?

5 Welche Geldstücke fehlen noch?

16 Euro / 14 Euro

6 Erzähle Rechengeschichten.

	kauft	kostet	bezahlt mit	erhält zurück
Eva	Ringe-spiel	16 Euro	50	
Tobi	Ball	8 Euro	20	
Anne	Kegel-spiel	14 Euro	10	5

Lege das Rückgeld zu jeder Aufgabe.

7 Nenne die Fragen und rechne.

	kauft	kostet	bezahlt mit	erhält zurück
Jule	Flug-scheibe	3 Euro		5
Marc	Kegel-spiel	14 Euro	20	
Jens			10	

8 Ordne die Streifen zu einer Rechengeschichte und rechne.

Welches Spiel hat sie gekauft?

Die Verkäuferin gibt ihr 4 Euro heraus.

Sie bezahlt mit einem 20-Euro-Schein.

Stefanie kauft ein Spiel.

9
a) 22 + 22 = ▢
23 + 23 = ▢
24 + 24 = ▢
25 + 25 = ▢

b) 50 − 21 = ▢
50 − ▢ = 28
80 − ▢ = 68
80 − 13 = ▢

c) 40 : 4 = ▢, denn …
36 : 4 = ▢, denn …
60 : 6 = ▢, denn …
54 : 6 = ▢, denn …

d) 30 : 6 = ▢, denn …
36 : 6 = ▢, denn …
40 : 8 = ▢, denn …
48 : 8 = ▢, denn …

Ungleichungen: Aufgaben mit mehreren Lösungen

1 Wie heißen die Spielregeln? Besprich sie mit deinem Partner.

Hurra! Eine 5 – die passt!
Ich habe leider nur eine 2 gezogen.
4 + ☐ > 7

2 Bastelt euch ein Spiel. Dazu schreibt jedes Kind die Zahlen von 1 bis 6 auf Kärtchen. Auf Papierstreifen notiert ihr folgende Aufgaben:

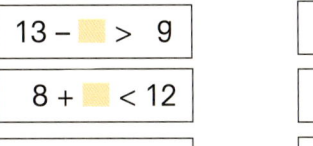

13 − ☐ > 9	21 + ☐ > 24
8 + ☐ < 12	64 − ☐ < 58
17 + ☐ > 20	52 − ☐ > 47

Denkt euch eigene Spielregeln aus und spielt.

3 Suche möglichst viele Kärtchen, die jeweils passen.

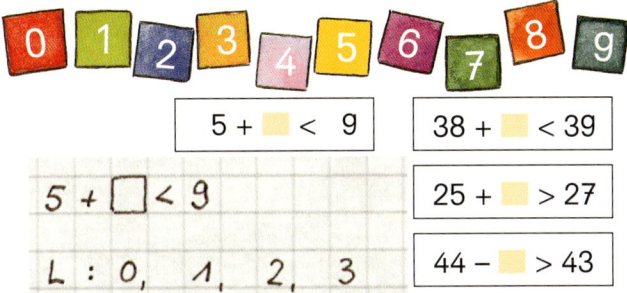

0 1 2 3 4 5 6 7 8 9

5 + ☐ < 9
5 + ☐ < 9
L: 0, 1, 2, 3

38 + ☐ < 39
25 + ☐ > 27
44 − ☐ > 43

4 Setze auch hier die Karten richtig ein.

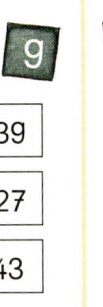

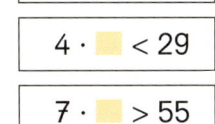

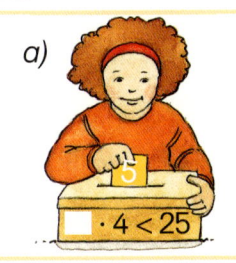

0 1 2 3 4 5 6 7 8 9

6 · ☐ < 37
5 · ☐ > 43
3 · ☐ > 21

9 · ☐ > 28
4 · ☐ < 29
7 · ☐ > 55

5 Erzähle.

0 1 2 3 4 6 7 8 9

a) ☐ · 4 < 25

b) ☐ : 6 > 40
48 : 8 < ☐
24 : 3 > ☐

c) 54 > ☐ + 48
70 > 65 + ☐
82 < ☐ + 79

6 Verbessere.

a) 3 · 5 = 20
7 + 8 = 56
9 − 4 > 5
6 · 3 > 21

b) 14 + 23 < 37
58 − 37 > 34
4 · 8 > 36
8 · 9 = 100

c) 16 + ☐ < 19
L: 0, 1, 2, 3
42 − ☐ > 39
L: 2, 3, 4, 5

d) 2 · ☐ < 6
L: 0, 1, 2, 3, 4
8 · ☐ > 56
L: 5, 6, 7, 8, 9

7 a) 12 : 4 = ☐
13 : 4 = ☐ Rest ☐

b) 20 : 4 = ☐
23 : 4 = ☐ Rest ☐

c) 28 : 4 = ☐
30 : 4 = ☐ Rest ☐

d) 40 : 4 = ☐
41 : 4 = ☐ Rest ☐

8 Jedes Ergebnis ist der Anfang einer neuen Aufgabe.

a) 25 + 5 = ☐
46 + 4 = ☐
30 + 16 = ☐
50 − 25 = ☐

b) 28 + 10 = ☐
30 − 7 = ☐
38 − 8 = ☐
23 + 5 = ☐

c) 15 + 15 = ☐
55 − 20 = ☐
35 − 20 = ☐
30 + 25 = ☐

d) 48 + 8 = ☐
56 + 7 = ☐
33 + 15 = ☐
63 − 30 = ☐

Rechne so: 25 + 5 = <u>30</u>   30 + 16 = ☐

9 Setze richtig ein: + − · :

a) 5 ◯ 4 ◯ 8 = 12
6 ◯ 6 ◯ 12 = 0

b) 7 ◯ 5 ◯ 7 = 28
24 ◯ 6 ◯ 0 = 4

c) 32 ◯ 8 ◯ 4 = 0
32 ◯ 8 ◯ 24 = 0

d) 6 ◯ 8 ◯ 2 = 50
6 ◯ 8 ◯ 2 = 46

113

Projekt Hunde: Sachaufgaben

1

Collie 
Er ist freundlich und nicht ängstlich. Er ist sehr anpassungsfähig.
Größe: 61 cm

Pudel 
Er gilt als intelligent, fröhlich und anpassungsfähig.
Größe: Königspudel 58 cm
Zwergpudel 35 cm

Deutscher Schäferhund 
Er lernt schnell, hat einen sehr guten Geruchssinn und ist mutig.
Größe: 62 cm

Windhund 
Er hat ein ruhiges, zurückhaltendes, intelligentes, selbstsicheres Wesen und wirkt vornehm.
Größe: 77 cm

Dackel 
Er ist liebenswürdig, mutig, Fremden gegenüber misstrauisch, intelligent, aber auch eigensinnig.
Größe: 38 cm

2
a) Kennst du dich mit Hunden aus? Erzähle zu den Hundekarten.

b) Die Größe eines Hundes wird an der Schulterhöhe gemessen. Ordne die Hunde nach der Größe.

3
Der kleinste ausgewachsene Hund war ein Yorkshire-Terrier, er war 6 cm groß. Um wie viel Zentimeter war er kleiner als die anderen Hunde auf dieser Seite?

4
Die größten Hunderassen sind die Deutsche Dogge und der Irische Wolfshund, die eine Schulterhöhe bis zu 99 cm erreichen. Vergleiche mit den abgebildeten Hunden.

5
Ein Windhund hält den Rekord im Weitsprung, er übersprang eine 9 m breite Schlucht. Ein Deutscher Schäferhund schaffte 5 m 30 cm.

a) Vergleiche.

b) Wie weit kannst du springen? Vergleiche ebenfalls.

c) Vergleiche mit dem Weltrekord im Weitsprung.

6
Der Rekord im Hochsprung über ein Holzhindernis gelang einem Schäferhund. Er schaffte 3 m 68 cm.

a) Um wie viel übersprang er seine eigene Körpergröße?

b) Vergleiche mit dem Weltrekord im Hochsprung.

7
Ein Windhund kann eine Strecke von 100 m in 6 s zurücklegen. Ein Kind aus der zweiten Klasse schaffte 50 m in 9 s. Vergleiche.

8
a) 30 min + ☐ = 1 h 
10 min + ☐ = 1 h
45 min + ☐ = 1 h
55 min + ☐ = 1 h
5 min + ☐ = 1 h

b) 50 min + 9 min = ☐ min
20 min + 42 min = ☐ min
15 min + 45 min = ☐ min
25 min + 16 min = ☐ min
35 min + 25 min = ☐ min

c) 15.00 Uhr —+ 2 h→ ☐ Uhr
9.00 Uhr —+ 6 h→ ☐ Uhr
18.00 Uhr —+ 4 h→ ☐ Uhr
☐ Uhr —+ 3 h→ 13.00 Uhr
☐ Uhr —+ 5 h→ 14.00 Uhr

d) 7.20 Uhr —+ 30 min→ ☐ Uhr
19.45 Uhr —+ 12 min→ ☐ Uhr
10.16 Uhr —+ 4 min→ ☐ Uhr
☐ Uhr —+ 18 min→ 22.20 Uhr
☐ Uhr —+ 23 min→ 16.50 Uhr

Projekt Tiergehege: Knobelaufgaben

1 Erzähle.

Tiergehege
Mon-Fr. 9-18 Uhr
Sa. 8-17 Uhr
So. 10-19 Uhr

Kinderbauernhof
Täglich
10-12.30 Uhr
14-16.00 Uhr
Fütterung 11 Uhr

2 Die Klasse 2a macht am Dienstag einen Ausflug zum Tiergehege.

a) Ab wann können die Kinder in das Gehege?

b) Die Kinder fahren 10 Minuten mit der Straßenbahn. Der Fußweg dauert dann noch 15 Minuten.
Wann muss die Klasse abfahren?

3 Alle Kinder wollen die Fütterung im Kinderbauernhof erleben.

Bosco sagt: „Jetzt ist es halb 10. Dann können wir 1 Stunde und 50 Minuten lang andere Tiere anschauen."

Was meinst du?

4 Suche Fragen und rechne.

Ihr dürft in Vierergruppen 1 Stunde alleine herumgehen. Wir treffen uns alle um Viertel nach 1 bei den Kutschen.

Kutschfahrten
13.15 – 15.15 Uhr
Fahrtdauer 30 min 2 €
Ponyreiten
13 – 15 Uhr
Dauer 20 min 2,50 €

5 20 Kinder wollen Kutsche fahren. In einer Kutsche haben 8 Kinder Platz. Die erste Kutsche fährt um 13.15 Uhr los.

a) Wie oft muss die Kutsche fahren?

b) Wann ist die erste Kutsche zurück?

c) Wann fährt die zweite Kutsche los, wann ist sie zurück?

6 12 Kinder wollen auf Ponies reiten. Das können jeweils 4 Kinder gleichzeitig. Jasmin meint: „Jetzt ist es 14.20 Uhr. Ich war in der dritten Ponygruppe."

a) Wann ist Jasmin losgeritten?

b) Wann startete die erste Ponygruppe?

c) Überlege dir noch andere Fragen.

7 Um 16 Uhr will die Klasse 2a an der Schule sein. Die Kinder müssen um ☐ Uhr los gehen.

Denke dir eigene Rechengeschichten aus. Schreibe sie auf. Stelle sie deinem Partner.

8
a) 60 – 3 = ☐
57 + 3 = ☐
80 – 2 = ☐
78 + 2 = ☐

b) ☐ + 4 = 40
40 – 4 = ☐
☐ + 2 = 90
90 + 2 = ☐

c) 80 – 32 = ☐
50 – 25 = ☐
60 – 21 = ☐
70 – 35 = ☐

d) 46 + 24 = ☐
☐ – 24 = 46
☐ – 15 = 90
25 + 15 = ☐

e) ☐ – 15 = ☐
☐ = ☐ – 16
☐ = ☐ + 22
☐ = 22 +

Geometrische Körper in der Umwelt

1

a) Erzähle.

b) Welche Gegenstände haben die gleiche Form?

Ampel, Aquarium, Ball, Bauklotz, Bauklotzbehälter, Holzkiste, Kreide, Kreideschachtel, Lampe, Laterne, Legostein, Luftballon, Paket, Perle, Schrank, Spielwürfel, Stempel, Technikkasten, Zauberwürfel.

c) Lege eine Tabelle an und trage ein.

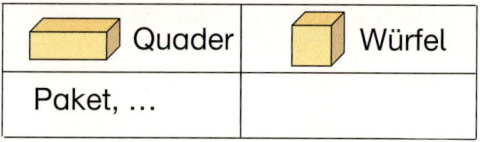

Quader	Würfel
Paket, …	

d) Welche Gegenstände lassen sich nicht einordnen?

e) Kennst du weitere Gegenstände, die du in die Tabelle eintragen kannst?

2

a) Forme aus Knet einen Würfel und einen Quader.

b) Vergleiche die beiden Formen. Was fällt dir auf?

c) Schließe deine Augen und ertaste deine Formen. Kannst du erkennen, welches der Würfel ist? Woran hast du dies erkannt?

3 Wem bringt Lu die Pakete?

Herr Mai, Frau Knoll, Kindergarten, Gabi, Grundschule, Moni

116

Projekt: Geometrische Körper in der Kunst

① Hier siehst du ein Kunstwerk des spanischen Künstlers Pablo Picasso. Betrachte es genau: Was entdeckst du alles?

② Überlege dir einen Namen für das Kunstwerk.

③ Bestimmt hast du schon die beiden Personen in dem Kunstwerk entdeckt. Pablo Picasso nannte sein Werk: „Frau, die ein Kind trägt." Denke dir eine Geschichte zu den beiden Personen aus und erzähle sie deinem Partner.

④ Pablo Picasso hat in seinem Kunstwerk viele verschiedene Formen verwendet. Entdeckst du auch Würfel und Quader?

⑤ Sammle Schachteln oder Holzteile und stelle wie Pablo Picasso ein eigenes Kunstwerk her. Klebe oder nagle die Teile zusammen und bemale am Schluss dein Kunstwerk.

⑥ Wie viele Würfel und Quader haben die Kinder bei ihren Bauwerken jeweils verwendet?

⑦ Auf dem Foto kannst du nicht erkennen, wie groß die beiden Figuren in Wirklichkeit sind. Was schätzt du?
Das Kunstwerk ist insgesamt 173 cm groß, das ist etwa so groß wie ein Erwachsener.

⑧ Pablo Picasso war ein sehr bedeutender und sehr vielseitiger Künstler. Er malte und zeichnete sehr gerne. Außerdem war er aber auch noch Bildhauer, Keramiker und Dichter. Pablo Picasso wurde sehr alt und stellte in seinem langen Leben viele Kunstwerke her. Dabei probierte er immer wieder viele verschiedene Dinge aus.

117

Körper zueinander in Beziehung setzen, Erfahrungen zum Rauminhalt

1 Baue nach.

2
a) Baue einen Quader und schreibe auf, wie viele Klötzchen du gebraucht hast.
b) Baue einen Würfel und schreibe auf, wie viele Klötzchen du verwendet hast.
c) Vergleiche mit deinem Partner.

3 a) Baue nach und stelle fest, wie viele Klötzchen jeweils gebraucht werden. Vergleiche.

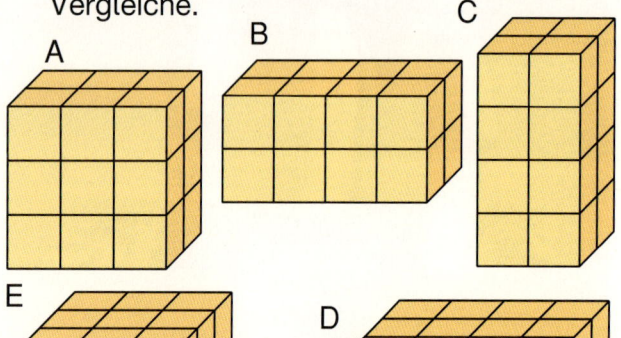

A   B   C
E   D

b) Baue aus 12 Klötzchen einen Quader. Wie viele Möglichkeiten findest du? Vergleiche mit deinem Partner.

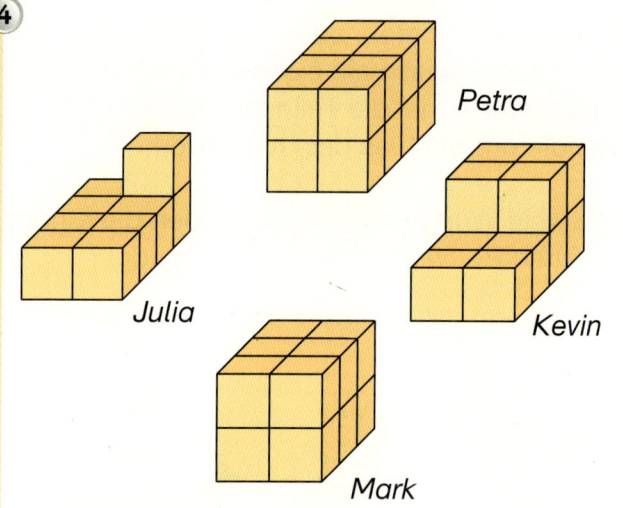

4
Julia   Petra   Kevin
Mark

Jedes Kind baut den gleichen Quader. Petra ist bereits fertig. Wie viele Klötzchen fehlen noch bei Kevin, wie viele bei Julia, wie viele bei Mark? Baue nach und ergänze.

5
Carolin und Kai haben Quader gebaut.
a) Carolin will ihren Quader halbieren. Baue nach und suche verschiedene Möglichkeiten. Vergleiche mit deinem Partner.
b) Kannst du auch Kais Quader halbieren?

6 a) Sarah: „Ich will einen Würfel aus 16 Klötzchen bauen."
Bernd: „Ich glaube, mit 20 Klötzchen kann ich einen Würfel bauen."
Ines: „Aus 8 Klötzchen kann ich einen Würfel bauen."

Wer hat Recht?

b) Wie viele Klötzchen musst du jeweils hinzufügen, um einen Würfel zu erhalten?

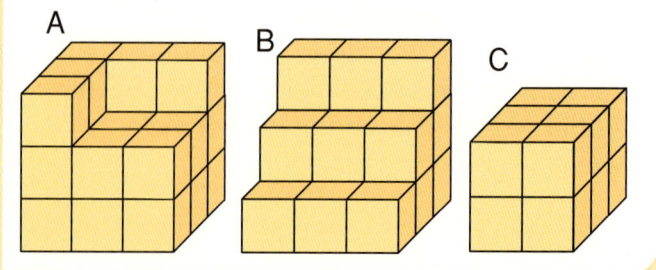

A   B   C

Elementare Raumvorstellungen

1 Architekt Lu zeichnet für jedes Gebäude einen Bauplan. Ordne passend zu.

2	1
3	1
D

2	3
1	2
E

3	3
1	1
F

2 a) Betrachte gemeinsam mit deinem Partner diese Baupläne. Versucht euch vorzustellen, wie die Gebäude aussehen. Gebt den Gebäuden einen Namen.

A | 1 | 2 | 3 | 4 |

B:
3	1	3
1	1	1
3	1	3

D:
1	2
2	1

C:
1	2
1	2
1	2

b) Baut die Gebäude auf und vergleicht mit euren Vorstellungen.

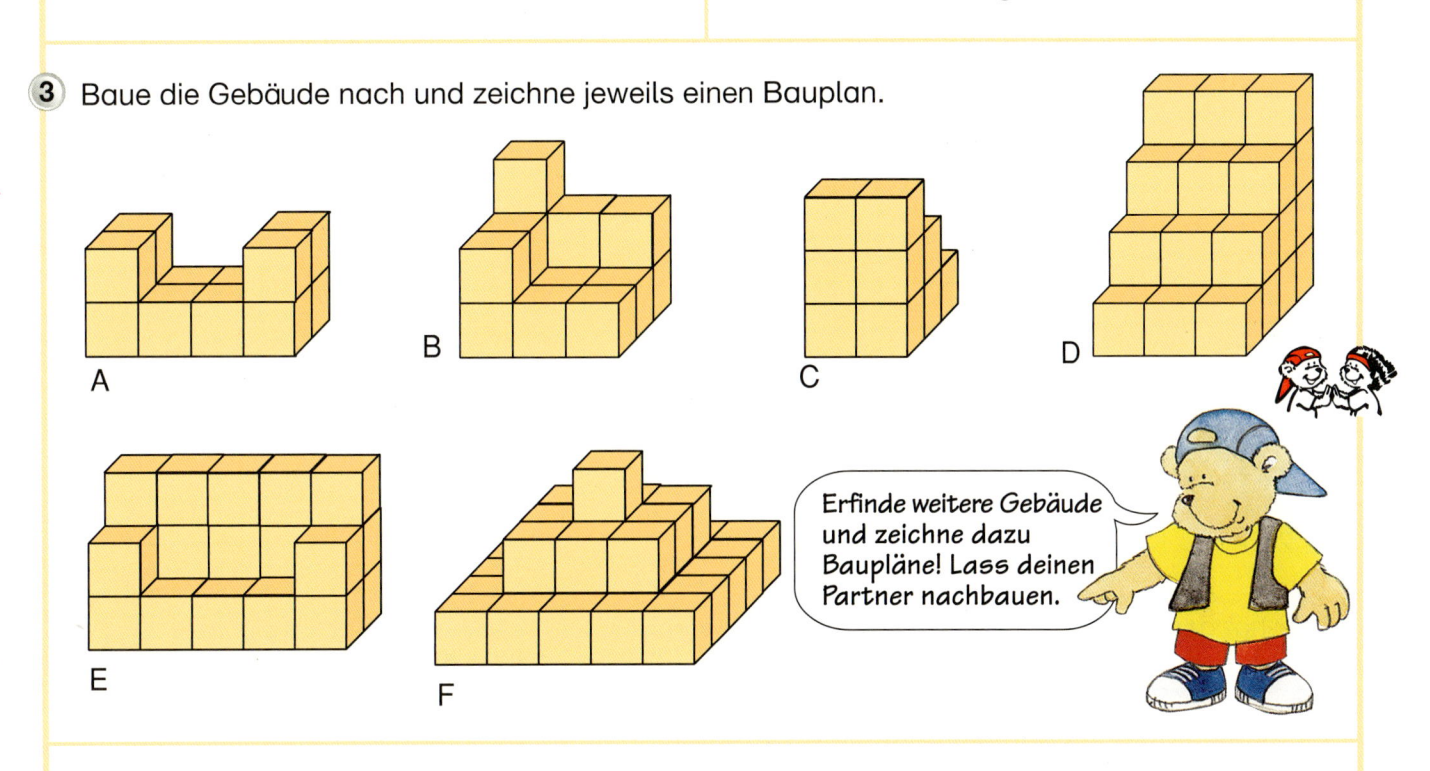

3 Baue die Gebäude nach und zeichne jeweils einen Bauplan.

Erfinde weitere Gebäude und zeichne dazu Baupläne! Lass deinen Partner nachbauen.

4 Kennst du dich mit Würfeln aus?

Weißt du, welche Zahlen bei meinem Würfel unten, links und hinten liegen? Was fällt dir auf?

Übertrage die Tabelle in dein Heft und fülle sie aus.

Würfel	vorne	hinten	links	rechts	oben	unten
A	1	6	5	2	3	
B	3			1		
C						
D						
E						
F						

Additives Ergänzen

1 Die Kinder der Klasse 2c basteln Marionetten. Jedes Kind bastelt einen Zwerg. In der Klasse sind 28 Kinder.

Wir haben ☐ Holzkugeln.
Wir brauchen aber ☐ Holzkugeln.

2 Hier siehst du, wie viele Kugeln in anderen Klassen fehlen. Lege mit Plättchen und Streifen und rechne.

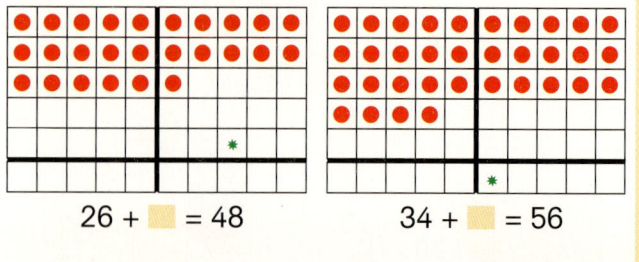

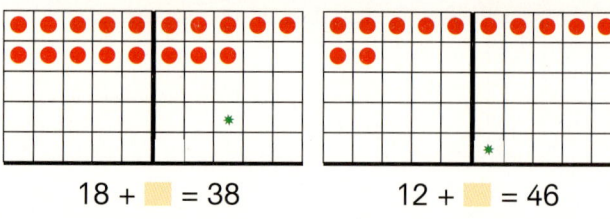

26 + ☐ = 48
34 + ☐ = 56
18 + ☐ = 38
12 + ☐ = 46

3 Kinder haben die Aufgabe 45 + ☐ = 79 gerechnet. Erkläre die Rechenwege.

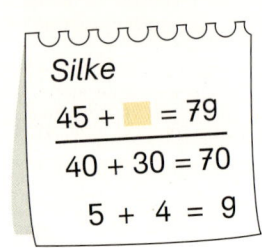

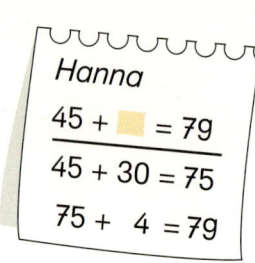

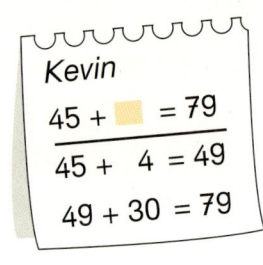

Wie rechnest du?

Silke
45 + ☐ = 79
40 + 30 = 70
5 + 4 = 9

Hanna
45 + ☐ = 79
45 + 30 = 75
75 + 4 = 79

Kevin
45 + ☐ = 79
45 + 4 = 49
49 + 30 = 79

45 + ☐ = 79
☐ + ☐ = ☐
☐ + ☐ = ☐

Entscheide dich für einen Rechenweg und rechne.

a) 45 + ☐ = 89
45 + ☐ = 86
23 + ☐ = 64

b) 16 + ☐ = 79
21 + ☐ = 42
22 + ☐ = 44

c) 81 + ☐ = 95
71 + ☐ = 95
61 + ☐ = 95

d) 23 + ☐ = 46
23 + ☐ = 56
23 + ☐ = 66

4 Wer hat den größten Zwerg gebastelt?

Mein Zwerg ist doppelt so groß wie 23 cm.
6 cm kleiner als 50 cm.
Ich habe 15 cm + 15 cm + 15 cm gemessen.

5 a) Die Lehrerin hat 10 Packungen mit Kugeln gekauft. In jeder Packung sind 6 Stück. Die Kinder haben 52 Kugeln gebraucht.
Wie viele Kugeln blieben noch übrig?

b) Die Klasse 2b hat von 54 Kugeln noch eine Packung mit 6 Stück übrig.
Wie viele Kugeln wurden gebraucht? Wie viele Packungen sind dies?

6 a) 40 + ☐ = 70
41 + ☐ = 70
42 + ☐ = 70

b) 50 + ☐ = 80
49 + ☐ = 80
47 + ☐ = 80

c) 23 + ☐ = 43
23 + ☐ = 44
23 + ☐ = 46

d) 33 + ☐ = 73
33 + ☐ = 75
33 + ☐ = 77

Wer hier 5 Fehler findet, darf mit mir ins Zwergenland fahren.

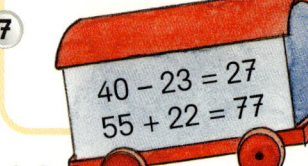

7
40 − 23 = 27
55 + 22 = 77

35 + 15 = 40
70 − 0 = 70

60 − 30 = 90
60 − 31 = 29

72 + 20 = 93
45 + 10 = 54

80 − 43 = 37

Lernen an Stationen: Wiederholung der Grundrechenarten

Heute besuche ich die Zwerge in der Schule.

Höhlenschule

Immer 3 Steine passen zusammen!

6, 42, 36, 68, 38, 20, 58, 39, 45, 45, 25, 14, 90, 15, 22, 82, 50, 25, 60, 40

Waldschule

4 ♦ 32 ♦ 8
9 ♦ 54 ♦ 6

40 ♦ 8 ♦ 5
25 ♦ 5 ♦ 20

4 ♦ 16 ♦ 20
7 ♦ 5 ♦ 35

7 ♦ 4 ♦ 28
24 ♦ 8 ♦ 3

18 ♦ 3 ♦ 21
18 ♦ 3 ♦ 15

Welche Zeichen wurden auf den Tafeln der Zwerge ausgewischt?

Pilzschule

Welche Zwerge gehen in die 2. Klasse, welche in die 3. Klasse?

4·6, 2·10, 16:4, 4, 24, 8, 5·4, 20, 8·3, 16:2, 40:5, 3·8, 4·5, 20:5, 36:9, 32:4

15:5, 20-18, 16:8, 32-30, 24:8, 10:5, 3·1

Jeder Zwerg sucht 3 Kärtchen.
Schreibe so:
24 = ☐ · ☐
24 = ☐ · ☐
24 = ☐ · ☐

Felsenschule

a)
25 = ☐ · 5
30 = ☐ · 5
35 = ☐ · 5
40 = ☐ · 5

b)
40 = ☐ · 8
48 = ☐ · 8
30 = ☐ · 6
24 = ☐ · 6

c)
14 : 2 = ☐
24 : 6 = ☐
32 : 8 = ☐
32 : 4 = ☐

d)
30 = ☐ · 3
27 = ☐ · 3
24 = ☐ · 3
21 = ☐ · 3

e)
6 : 6 = ☐
6 : 1 = ☐

f)
8 = ☐ · 8
4 = ☐ · 1

Wiesenschule

Teichschule

6·4, 16, 30-6, 8·2, 3·6, 12+12, 18, 2·9, 9+9, 24-8, 18+7, 24, 4·4, 30-12, 30-14, 8·3

Jeder Zwerg möchte 4 Schiffchen angeln.

Subtraktion mit Zehner-Einer-Zahlen

1 a) Luisa hüpft die Aufgabe 58 – 26 =

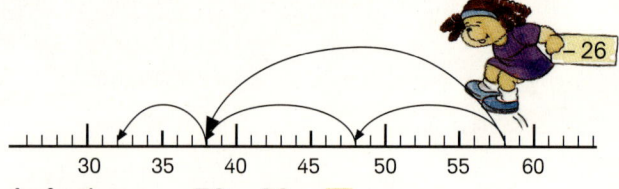

Aufgabe: 58 – 26 =
Rechenweg: 58 – 20 – 6 =

Rechne wie Luisa:
b) 34 – 21 =
34 – 20 – 1 =
79 – 46 =
79 – 40 – 6 =

c) 45 – 34 =
45 – 30 – 4 =
68 – 17 =
68 – 10 – 7 =

d) 46 – 20 – 4 =
31 – 10 – 1 =
54 – 30 – 3 =

e) 99 – 50 – 4 =
67 – 30 – 6 =
88 – 40 – 4 =

2 a) … und Lu auch!

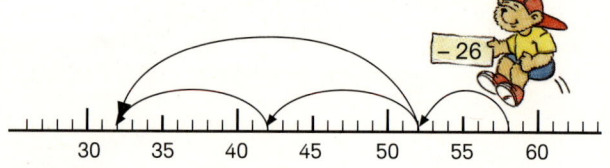

Aufgabe: 58 – 26 =
Rechenweg: 58 – 6 – 20 =

Rechne wie Lu:
b) 47 – 14 =
47 – 4 – 10 =
59 – 38 =
59 – 8 – 30 =

c) 82 – 21 =
82 – 1 – 20 =
95 – 43 =
95 – 3 – 40 =

d) 27 – 7 – 20 =
39 – 9 – 30 =
83 – 2 – 50 =

e) 69 – 8 – 30 =
75 – 1 – 40 =
28 – 7 – 10 =

3 a) 14 – 7 =
24 – 7 =
34 – 7 =
44 – 7 =

b) 12 – 6 =
22 – 6 =
22 – 7 =
32 – 7 =

c) 52 – ▨ = 48
91 – ▨ = 85
72 – ▨ = 66
26 – ▨ = 18

d) 15 – ▨ = 8
25 – ▨ = 18
35 – ▨ = 29
55 – ▨ = 49

4 a) Luisa hüpft die Meisteraufgaben!

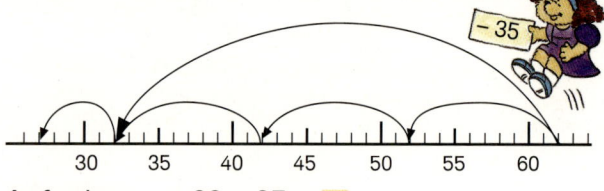

Aufgabe: 62 – 35 =
Rechenweg: 62 – 30 – 5 =

Rechne wie Luisa:
b) 44 – 26 =
44 – 20 – 6 =
41 – 24 =
41 – 20 – 4 =

c) 52 – 34 =
52 – 30 – 4 =
63 – 36 =
63 – 30 – 6 =

d) 22 – 10 – 6 =
23 – 10 – 6 =
43 – 10 – 6 =

e) 51 – 40 – 3 =
92 – 50 – 7 =
85 – 30 – 6 =

5 a) … und Lu auch!

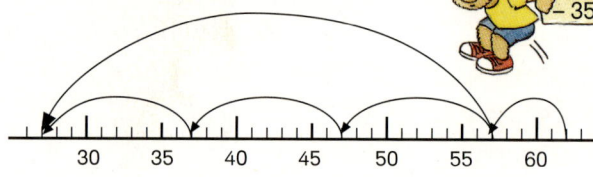

Aufgabe: 62 – 35 =
Rechenweg: 62 – 5 – 30 =

Rechne wie Lu:
b) 95 – 47 =
95 – 7 – 40 =
85 – 47 =
85 – 7 – 40 =

c) 76 – 18 =
76 – 8 – 10 =
51 – 45 =
51 – 5 – 40 =

d) 74 – 7 – 20 =
82 – 4 – 50 =
91 – 6 – 40 =

e) 46 – 7 – 10 =
31 – 6 – 20 =
75 – 0 – 0 =

6 Mit 3 Zahlen kannst du eine Rechenaufgabe bilden. Wähle die passenden Bälle aus.

4, 12, 3, 15

10, 4, 2, 8

8, 16, 3, 24

30, 5, 6, 36

7 Setze ein: > = <
a) 3 · 5 ◯ 16
3 · 0 ◯ 3

b) 6 · 3 ◯ 19
7 · 6 ◯ 40

c) 6 · 8 ◯ 50
9 · 4 ◯ 35

d) 36 : 6 ◯ 7
24 : 4 ◯ 4

e) 32 : 4 ◯ 8
24 : 8 ◯ 4

f) 5 · 4 ◯ 20
8 · 5 ◯ 50

**Lernen an Stationen:
Wiederholung der Grundrechenarten**

ZIRKUS

Nummer 1

6	12		24	30		42	48
	9		15	18		24	27
36	32		24		16		8
45		35	30	20		10	

Nummer 2

Bilde mit jeweils 3 Zahlen eine Rechenaufgabe!
Beispiel: 30 : 6 = 5

Ballons:
- 5, 30, 36, 6
- 5, 10, 50, 60
- 2, 88, 44, 22
- 15, 4, 3, 12
- 6, 48, 40, 8
- 100, 76, 24, 66
- 36, 6, 28
- 4, 31, 7, 38, 24
- 66, 1, 100, 33
- 99, 33, 33
- 100, 0, 100

Nummer 3

30 = □ · 10
30 = □ · 5

4 · 8 = □
8 · 8 = □

□ · 8 = 8
□ · 8 = 4

24 = □ · 6
24 = □ · 3

40 : 10 = □
80 : 10 = □

16 : 8 = □
16 : 4 = □

□ : 5 = □
40 : 5 = □

32 : 8 = □
64 : 8 = □

15 : 3 = □
30 : 3 = □

12 : 4 = □
24 : 4 = □

Nummer 4

40 − 5 = □
□ + 5 = 40
60 − 9 = □
□ + 9 = 60

15 + 15 = □
15 + 16 = □
35 + 35 = □
35 + 36 = □

33 + 33 = □
32 + 34 = □
44 + 44 = □
42 + 46 = □

30 + 30 = □
29 + 31 = □
40 + 40 = □
39 + 41 = □

Nummer 5

4 · 6 = □
5 · 6 = 30
6 · 6 = □

20 + 20 = □
19 + 19 = □
18 + 18 = □
16 + 16 = □

4 · 8 = □
5 · 8 = 40
6 · 8 = □

10 · 4 = 40
9 · 4 = □
8 · 4 = □

16 : 4 = □
20 : 4 = 5
24 : 4 = □

20 : 5 = □
25 : 5 = 5
30 : 5 = □

30 : 3 = 10
27 : 3 = □
30 : 5 = □

Nummer 6

Finde immer 4 Aufgaben:

3 · 4 =
  · =
 : =
 : =

Bälle: 4, 12, 3, 40, 10, 4, 8, 32, 4, 3, 9, 30, 5, 8, 24, 45, 6, 4, 24, 6, 48, 6, 8

Nummer 7

·	2	4	5	10
3				
6				
10				

·	3	6	4
4			
5			40
8			

:	2	5	10
30			
40			

Sachaufgaben zur Multiplikation und Division

Gesundes Schulfrühstück
Klasse 2a

1

Bestellungen

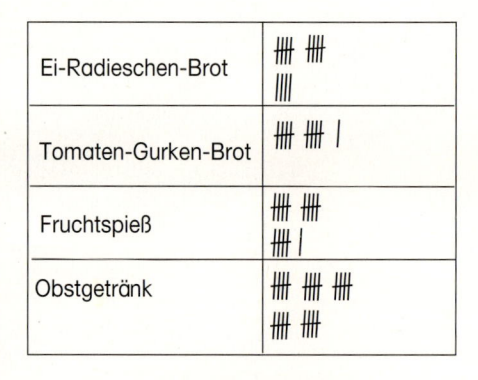

Ei-Radieschen-Brot	ℍℍ ℍℍ ⦀⦀⦀
Tomaten-Gurken-Brot	ℍℍ ℍℍ ⦀
Fruchtspieß	ℍℍ ℍℍ ℍℍ ⦀
Obstgetränk	ℍℍ ℍℍ ℍℍ ℍℍ ℍℍ

Guten Appetit!

Rezepte

Ei-Radieschen-Brot

Tomaten-Gurken-Brot

Obstgetränk (für 5 Gläser)
2 Bananen
1 Apfel
3 Kiwis
4 Orangen
1 Zitrone
1–2 Esslöffel Honig

Fruchtspieße (für 4 Spieße)
1 kleine Banane   2 Kiwis
16 Traubenbeeren   1 Apfel

a) Erzähle.

b) Wie viele Scheiben Brot werden benötigt?

2 a) Wie viele Eier müssen die Kinder schneiden?

Für ein Brot wird ☐ Ei benötigt.
Für ☐ Brote werden ☐ Eier benötigt.

c) Zeichne und rechne ebenso für die Radieschen.

b) Zeichne und rechne auch für die Tomaten.

d) Zeichne und berechne, wie viele Gurkenscheiben gebraucht werden.

3 a) Schreibe den Einkaufszettel für die Fruchtspieße.

c) Wie viele Bananen, Äpfel, Kiwis, Orangen und Zitronen müssen für das Obstgetränk eingekauft werden?

b) Wie oft muss das Rezept für das Obstgetränk angerührt werden?

d) Felix rührt das Obstgetränk für seinen Kindergeburtstag an. Er hat 9 Kinder eingeladen. Schreibe für Felix einen Einkaufszettel.

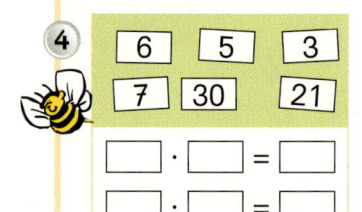

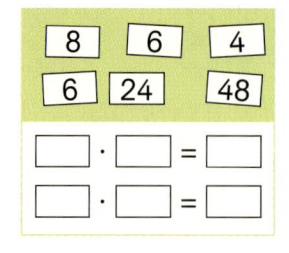

4

6	5	3
7	30	21

☐ · ☐ = ☐
☐ · ☐ = ☐

8	6	4
6	24	48

☐ · ☐ = ☐
☐ · ☐ = ☐

9	27	8
16	2	3

☐ · ☐ = ☐
☐ · ☐ = ☐

3	7	30
10	42	6

☐ · ☐ = ☐
☐ · ☐ = ☐

5 Immer 10 Minuten später!

7.00 Uhr, 7.10 Uhr,............... 8.00 Uhr
11.06 Uhr, 11.16 Uhr,............... 12.06 Uhr
18.03 Uhr, 18.13 Uhr,............... 19.03 Uhr
0.07 Uhr, 0.17 Uhr,............... 1.07 Uhr

6 Immer 5 Minuten später!

9.00 Uhr, 9.05 Uhr,............... 10.00 Uhr
20.04 Uhr, 20.09 Uhr,............... 20.59 Uhr
6.01 Uhr, 6.06 Uhr,............... 7.01 Uhr
22.12 Uhr, 22.17 Uhr,............... 23.02 Uhr

Projekt: Produktiver Umgang mit einem Kunstwerk

① Die schweizerische Malerin Verena Loewensberg (1912–1986) hat dieses Bild gemalt. Ihr gefielen Bilder mit Farben und Formen besonders gut. Sie hat dem Bild keinen Namen gegeben. Findest du einen Namen?

Welche Formen und Farben hat die Malerin verwendet?

Wie viele grüne Rechtecke findest du?
Wo liegt ein Rechteck auf einem Quadrat?
Wo liegen zwei gleiche Formen übereinander?

Was fällt dir sonst noch auf?

② So sehe ich aus. Entdeckst du mich oben im Bild?

Zwischen welchen beiden Formen liege ich?

Das ist meine Form und meine Größe. Wo habe ich mich im Bild versteckt? Welche Farbe habe ich?

③ Bevor Verena Loewensberg dieses Bild malte, probierte sie viele Möglichkeiten aus. Nimm bunte und verschieden große Formen und gestalte dein eigenes Bild.

Sachaufgaben: Im Zoo

1 Ein Ausflug in den Zoo.

2 Dirk und Tanja beobachten die Waschbären und die Flamingos.
In welchem Gehege sind es mehr Beine?
Dirk macht sich eine Zeichnung für die Waschbären:

|||||||| Beine

Zeichne und rechne ebenso für die Flamingobeine.

3 a) Mona zählt 36 Elefantenbeine und Sven zählt 22 Pinguinbeine.
In welchem Gehege sind es mehr Tiere?
Zeichne und rechne.

b) Luca zählt 24 Beine.
Wie viele Kamele und wie viele Pfaue können es sein? Zeichne und rechne.

4 Fütterung bei den Seehunden! Der Wärter gibt jedem Seehund 4 Fische zum Fressen.
Wie viele Fische hat er mitgebracht?
Zeichne und rechne.

5 Die großen Affen essen täglich 3 Bananen. Die kleinen Affen 2 Bananen.
Wie viele Bananen werden benötigt?
Zeichne und rechne.

6 Bei den Meerschweinchen gab es Nachwuchs: 2 Meerschweinchen haben jeweils 3 Junge zur Welt gebracht und bei 3 Meerschweinchen waren es sogar 4 Junge.
Wie viel Nachwuchs haben die Meerschweinchen bekommen?
Zeichne und rechne.

7 Maxi beobachtet die Dromedare und Kamele. Er zählt insgesamt 16 Höcker. Maxi macht sich eine Zeichnung für die Dromedare:

Wie viele Kamele sind es?

Zeichne und rechne.

Sachaufgaben: Im Zoo

1 Zurück im Klassenzimmer!

- Die Körperlänge einer großen Giraffe ist 4 m 70 cm.
- Ein Koalabär schläft 22 Stunden pro Tag.
- Blasstrahl des Delfins: 2 m
- Ein Känguru kann 9 m weit springen.
- Ein Giraffenjunges ist 1 m 20 cm groß.
- Ein Springhase schafft 3 m in einem Sprung.
- Blasstrahl des Blauwals: 12 m

Sprechblasen:
- Wie viel mal weiter kann er das Wasser blasen?
- Wer braucht mehr Sprünge, bis er bei 18 m ist?
- Wie lange ist er pro Tag wach?
- Um wie viel ist sie größer?

Ordne den Zetteln an der Pinnwand passende Fragen zu.

2 Leo hat zu seiner Frage eine Skizze gezeichnet:

22 Stunden | ☐ Stunden
24 Stunden = 1 Tag

a) Suche Leos Frage und erzähle seine Rechengeschichte.
b) Zeichne und rechne im Heft.

3 Ina hat auch eine Skizze gezeichnet:

18 m

a) Suche Inas Frage und erzähle ihre Rechengeschichte.
b) Zeichne und rechne im Heft.

4 Zeichne für die anderen Aufgaben auch Skizzen und rechne im Heft.

5

Vogelhaus:
- 6 · 4 =
- 6 · 6 =
- 8 · 2 =
- 5 · 5 =
- 5 · 8 =
- 4 · 4 =
- 7 · 6 =
- 8 · 8 =
- 6 · 10 =
- 10 · 10 =

- 30 : 6 =
- 32 : 4 =
- 15 : 5 =
- 48 : 6 =
- 60 : 10 =
- 56 : 8 =
- 10 : 10 =
- 54 : 6 =
- 16 : 8 =
- 70 : 10 =

Kamelhaus:
24 42
16 60 36
16 64 25
40 100

5 7 8
3   8 6
9 7
1   2

3 4   6
0 1 5
        10
6   8 5

14 4 8
36 16   3
5   10
   20 48

- 9 · ☐ = 27
- 25 = ☐ · 5
- 8 · ☐ = 32
- 24 = ☐ · 3
- 9 · ☐ = 45
- 48 = ☐ · 8
- 3 · ☐ = 18
- 0 = ☐ · 10
- 7 · ☐ = 70
- 8 = ☐ · 8

- ☐ : 2 = 7
- 27 : ☐ = 9
- ☐ : 4 = 9
- 32 : ☐ = 8
- ☐ : 5 = 4
- 64 : ☐ = 8
- ☐ : 2 = 8
- 35 : ☐ = 7
- ☐ : 8 = 6
- 40 : ☐ = 4

Und zum Schluss: Wiederholen und Knobeln

Lu träumt von den Sommerferien

1

+	5	12
17		33
47	54	
77		

−	7	15
22		0
32	28	
92		

2

23: $4 \cdot 5 + \Box$; $3 \cdot 9 - \Box$

61: $9 \cdot 6 + \Box$; $7 \cdot 10 - \Box$

40: $4 \cdot 8 + \Box$; $9 \cdot 5 - \Box$ (7, 11, 8, 3, 1, 13, 6, 4, 5, 9)

69: $7 \cdot 8 + \Box$; $10 \cdot 8 - \Box$

20: $7 \cdot 2 + \Box$; $7 \cdot 3 - \Box$

3 (Eis-Kugeln: 4, 40, 2, 18, 8, 7, 3, 20, 6, 30, 6, 3, 5, 6)

4 Welche Käfer sind spiegelbildlich? Finde das Lösungswort! (B, O, M, T, A, L, S, T, L, R)

5 (Tauch-Wolken)
35 + 35 ; 70
54 + 25 ; 19
59 + 21 ; 79
36 − 17 ; 80 ; 29 ; 47 − 18
48 ; 44 − 19 ; 25 ; 97 − 49

6 Eine Frucht schmeckt mir jeweils nicht. Die „faulen" Früchte ergeben zusammen 100.

Brombeeren: 4, 40, 16, 7, 24
Kirschen: 28, 21, 20, 49, 63
Erdbeeren: 55, 30, 36, 15, 70
Kiwis: 9, 3, 16, 78, 12
Erdbeeren: 18, 54, 36, 66, 21

7 Mit welchen Zahlen erreiche ich das Ergebnis?

Zahlen: 6, 9, 5, 4, 7, 8, 1, 3, 2

$\Box \cdot \Box + \Box = 23$
$\Box \cdot \Box + \Box = 58$
$\Box \cdot \Box + \Box = 49$
$\Box \cdot \Box + \Box = 31$

$\Box \cdot \Box - \Box = 32$
$\Box \cdot \Box - \Box = 21$
$\Box \cdot \Box - \Box = 67$
$\Box \cdot \Box - \Box = 16$